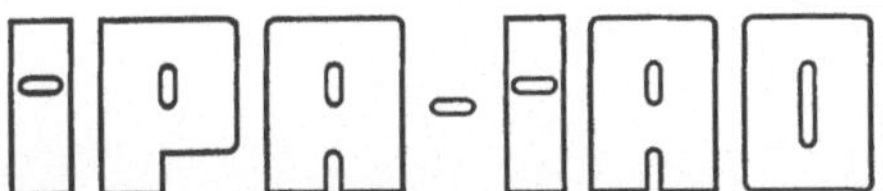

Forschung und Praxis

Band 289

Berichte aus dem
Fraunhofer-Institut für Produktionstechnik
und Automatisierung (IPA), Stuttgart,
Fraunhofer-Institut für Arbeitswirtschaft
und Organisation (IAO), Stuttgart,
Institut für Industrielle Fertigung und
Fabrikbetrieb der Universität Stuttgart und
Institut für Arbeitswissenschaft und
Technologiemanagement, Universität Stuttgart

Herausgeber: H. J. Warnecke, E. Westkämper
und H.-J. Bullinger

Springer

Berlin
Heidelberg
New York
Barcelona
Budapest
Hongkong
London
Mailand
Paris
Singapur
Tokio

Joachim Bauske

Ein objektorientiertes Verfahren zur Optimierung von Geschäftsprozessen unter Verwendung eines genetischen Algorithmus

Mit 100 Abbildungen

Springer

Dr.-Ing. Joachim Bauske
Fraunhofer-Institut für Produktionstechnik und Automatisierung (IPA), Stuttgart

Prof. Dr.-Ing. Dr. h. c. mult. H. J. Warnecke
o. Professor an der Universität Stuttgart
Präsident der Fraunhofer-Gesellschaft, München

Prof. Dr.-Ing. Dr. h. c. E. Westkämper
o. Professor an der Universität Stuttgart
Fraunhofer-Institut für Produktionstechnik und Automatisierung (IPA), Stuttgart

Prof. Dr.-Ing. habil. Prof. e. h. Dr. h. c. H.-J. Bullinger
o. Professor an der Universität Stuttgart
Fraunhofer-Institut für Arbeitswirtschaft und Organisation (IAO), Stuttgart

D 93
ISBN-13: 978-3-540-65682-1   e-ISBN-13: 978-3-642-47977-9
DOI: 10.1007/978-3-642-47977-9

Gesamtherstellung: Copydruck GmbH, Heimsheim
SPIN 10718150   62/3020-543210

Geleitwort der Herausgeber

Über den Erfolg und das Bestehen von Unternehmen in einer marktwirtschaftlichen Ordnung entscheidet letztendlich der Absatzmarkt. Das bedeutet, möglichst frühzeitig absatzmarktorientierte Anforderungen sowie deren Veränderungen zu erkennen und darauf zu reagieren.

Neue Technologien und Werkstoffe ermöglichen neue Produkte und eröffnen neue Märkte. Die neuen Produktions- und Informationstechnologien verwandeln signifikant und nachhaltig unsere industrielle Arbeitswelt. Politische und gesellschaftliche Veränderungen signalisieren und begleiten dabei einen Wertewandel, der auch in unseren Industriebetrieben deutlichen Niederschlag findet.

Die Aufgaben des Produktionsmanagements sind vielfältiger und anspruchsvoller geworden. Die Integration des europäischen Marktes, die Globalisierung vieler Industrien, die zunehmende Innovationsgeschwindigkeit, die Entwicklung zur Freizeitgesellschaft und die übergreifenden ökologischen und sozialen Probleme, zu deren Lösung die Wirtschaft ihren Beitrag leisten muß, erfordern von den Führungskräften erweiterte Perspektiven und Antworten, die über den Fokus traditionellen Produktionsmanagements deutlich hinausgehen.

Neue Formen der Arbeitsorganisation im indirekten und direkten Bereich sind heute schon feste Bestandteile innovativer Unternehmen. Die Entkopplung der Arbeitszeit von der Betriebszeit, integrierte Planungsansätze sowie der Aufbau dezentraler Strukturen sind nur einige der Konzepte, welche die aktuellen Entwicklungsrichtungen kennzeichnen. Erfreulich ist der Trend, immer mehr den Menschen in den Mittelpunkt der Arbeitsgestaltung zu stellen - die traditionell eher technokratisch akzentuierten Ansätze weichen einer stärkeren Human- und Organisationsorientierung. Qualifizierungsprogramme, Training und andere Formen der Mitarbeiterentwicklung gewinnen als Differenzierungsmerkmal und als Zukunftsinvestition in *Human Resources* an strategischer Bedeutung.

Von wissenschaftlicher Seite muß dieses Bemühen durch die Entwicklung von Methoden und Vorgehensweisen zur systematischen Analyse und Verbesserung des Systems Produktionsbetrieb einschließlich der erforderlichen Dienstleistungsfunktionen unterstützt werden. Die Ingenieure sind hier gefordert, in enger Zusammenarbeit mit anderen Disziplinen, z. B. der Informatik, der Wirtschaftswissenschaften und der Arbeitswissenschaft, Lösungen zu erarbeiten, die den veränderten Randbedingungen Rechnung tragen.

Die von den Herausgebern langjährig geleiteten Institute, das

- Institut für Industrielle Fertigung und Fabrikbetrieb der Universität Stuttgart (IFF),

- Institut für Arbeitswissenschaft und Technologiemanagement (IAT),

- Fraunhofer-Institut für Produktionstechnik und Automatisierung (IPA),

- Fraunhofer-Institut für Arbeitswirtschaft und Organisation (IAO) arbeiten in grundlegender und angewandter Forschung intensiv an den oben aufgezeigten Entwicklungen mit. Die Ausstattung der Labors und die Qualifikation der Mitarbeiter haben bereits in der Vergangenheit zu Forschungsergebnissen geführt, die für die Praxis von großem Wert waren. Zur Umsetzung gewonnener Erkenntnisse wird die Schriftenreihe „IPA-IAO - Forschung und Praxis" herausgegeben. Der vorliegende Band setzt diese Reihe fort. Eine Übersicht über bisher erschienene Titel wird am Schluß dieses Buches gegeben.

Dem Verfasser sei für die geleistete Arbeit gedankt, dem Springer-Verlag für die Aufnahme dieser Schriftenreihe in seine Angebotspalette und der Druckerei für saubere und zügige Ausführung. Möge das Buch von der Fachwelt gut aufgenommen werden.

H. J. Warnecke   E. Westkämper   H.-J. Bullinger

Vorwort des Verfassers

Die vorliegende Arbeit entstand während meiner Tätigkeit am Fraunhofer-Institut für Produktionstechnik und Automatisierung (IPA) in Stuttgart.

Herrn Professor Dr.-Ing. Dr. h.c. E. Westkämper bin ich für die wohlwollende Förderung der Arbeit und die damit verbundenen konstruktiven Diskussionen zu besonderem Dank verpflichtet. Ein herzlicher Dank geht auch an Herrn Prof. Dr.-Ing. Dr. h.c. Dipl.-Wirt. Ing. W. Eversheim für die sorgfältige Durchsicht der Arbeit und die Übernahme des Mitberichts.

Ein herzlicher Dank gilt auch Herrn Dr.-Ing. W. Sihn und Herrn Dr.-Ing. S. Stender, die mich durch ihre stets offene Diskussionsbereitschaft und konstruktive Kritik unterstützten.

Allen Mitarbeitern des Instituts, die mir durch Ihre Einsatz- und Hilfsbereitschaft die Erstellung der Arbeit erleichtert haben, danke ich vielmals. Dies gilt insbesondere für Frank Göltl, Tim Fischer und Michael Schneider.

Vielen Dank auch für das Verständnis, das mir in dieser Zeit Eltern und Freunde entgegengebracht haben, dabei möchte ich vor allem Edith Gruber und Jörg Faisst nennen.

Ohne den Rückhalt meiner Frau Susanne sowie der Geduld meiner beiden Söhne Simon und Joshua hätte ich das mit erheblichen familiären Belastungen verbundene Promotionsverfahren nicht erfolgreich durchführen können. Für ihre Unterstützung bedanke ich mich daher besonders.

Stuttgart, 1999   Joachim Bauske

Inhaltsverzeichnis

Abkürzungsverzeichnis

Zeichen	Einheit	Bedeutung
A		Bogenmenge A
a		Bogen, gewichtete Kanten a
AA		Anfang-Anfang
$A_{Abteilung(Prozeß)}$		Kennzahl Prozeß (Einzeltätigkeit)
$A_{Abteilung(Nachfolger-Prozeß)}$		Kennzahl nachfolgender Prozeß (Einzeltätigkeit)
$a_{Abteilungswechsel}$		Ausgleichsfaktor Qualität Abteilungswechsel
AE		Anfang-Ende
a_{Kosten}		Ausgleichsfaktor Kosten
AM		Absatzmenge
A_{Matrix}		Adjazenzmatrix
$ARIS$		Architektur integrierter Informationssysteme
a_{RPZ}		Ausgleichsfaktor Qualität Risikoprioritätszahl
$a_{Übergangszeit}$		Ausgleichsfaktor Übergangszeit
A_V		Vorgänger
$a_{Vorgangsdauer}$		Ausgleichsfaktor Vorgangsdauer
AW		Auftretenswahrscheinlichkeit
b		Bewertung der Verbindung zwischen dem Vorgang i und dem Vorgang j eines Prozesses
B		Zahlenraum
BF		Bedeutung von Fehlerfolgen
B_{Matrix}		Bewertungsmatrix
BPR		Business Process Reengineering
B_V		Vorgang
bzw.		beziehungsweise
C		Crossover
C_{LDP}		Laufende direkte prozeßbezogene Kosten
CIM-OSA		Open System Architecture for CIM
COP		Combinatorical Optimization Problem
CPM		Critical Path Method
csp		Constraint satisfaction problem
D		Digraph
D_{DB}		Deckungsbeitrag
e		Kante e
EA		Ende-Anfang
EE		Ende-Ende
$E(G), E$		Kantenmenge des Graphen
EPK		Ereignisgesteuerte Prozeßketten
ES		Evolutionsstrategien
etc.		et cetera
EW		Entdeckungswahrscheinlichkeit
f		Kante f
F		Funktion
$F(...)$		Fitneß
FAZ		Frühestmögliche Anfangszeit
$F_{Bewertung}$		Bewertungsfunktion eines Individuums
FEZ		Frühestmögliche Endzeit
F_{Kosten}		Bewertungsfunktion Kosten
FMEA		Fehler-Möglichkeits- und Einfluß-Analyse
FP		Freie Pufferzeit

$F_{profit}(i)$	Proportionale Fitneß des Individuums i
$F_{Qualität}$	Bewertungsfunktion Qualität
$F_{totalfit}$	Totale Fitneß
$F_{Übergangszeit}$	Bewertungsfunktion Übergangszeit
$F_{Vorgangsdauer}$	Bewertungsfunktion Vorgangsdauer
FZ	Frühestmögliche Ereigniszeit
G	Graph
GA	Genetischer Algorithmus
GAM	Generisches Aktivitätenmodell
GP	Gesamte Pufferzeit
i	Ablauf
ICAM	Integrated Computer Aided Manufacturing
IDEFO	ICAM Definition
IE	Information Engineering
IUM	Integrierte Unternehmensmodellierung
Jhg.	Jahrgang
k_{Kosten}	Gewichtungsfaktor Kosten
$k_{Qualität}$	Gewichtungsfaktor Qualität
$k_{Übergangsdauer}$	Gewichtungsfaktor Übergangsdauer
$k_{Vorgangsdauer}$	Gewichtungsfaktor Vorgangsdauer
M	Menge
MPM	Metra-Potential-Method
M_S	Suchraum
N	Anzahl Individuen
$\mathcal{N}$	Natürliche Zahlen
n	Anzahl der Knoten
NPK	Nicht dem Prozeß direkt zurechenbare Kosten
NPT	Netzplantechnik
OMEGA	Objektorientierte Methode für die Geschäftsprozeß-modellierung und -Analyse
OMT	Object Modeling Technique
P	Population
p()	Wahrscheinlichkeit
p_i	Reellwertiger Parameter
Π	Zu maximierender Zielfunktionswert
p(C)	Rekombinationsrate
p(M)	Mutationsrate
p(R)	Reproduktionsrate
PAP	Programmablaufplan
PERT	Program Evaluation and Review Technique
PPS	Produktionsplanungs- und Steuerungssysteme
$P_{selection}(i)$	Wahrscheinlichkeit einer Selektion für jeden Ablauf i
Q	Qualifikation
$Q_{erforderlich\_Nachfolger-Prozeß}$	Erforderliche Qualifikation eines nachfolgenden Prozesses
$Q_{erforderlich\_Prozeß}$	Erforderliche Qualifikation eines Prozesses
Q_{max}	Maximale Qualifikation
$Q_{selection}(i)$	Kumulierte Wahrscheinlichkeit einer Selektion für jeden Ablauf i
r	Individuum
R	Menge der reellen Zahlen
RPZ	Risikoprioritätszahl
RPZ_{max}	Maximaler Wert Risikoprioritätszahl
S	Suchraum

S.	Seite
SA	Structured Analysis
SADT	Structured Analysis and Design Technique
SAZ	Spätesterlaubte Anfangszeit
SD	Structured Design
SERM	Strukturiertes Entity Relationship Modell
SEZ	Spätesterlaubte Endzeit
SOM	Semantisches Objektmodell
SZ	Späteste Ereigniszeit
$T_{(Nachfolger-Prozeß)}$	Zeitdauer für einen nachfolgenden Prozeß
$T_{Prozeß}$	Zeitdauer für einen Prozeß
TQM	Total Quality Management
TSTS	Time-Savings-Times-Salary-Verfahren
u	Knoten u
u.a.	unter anderem
UML	Unified Modeling Language
v	Knoten v
V_{AP}	Hedonistischer Wert eines Arbeitsprofiles
V(G), V	Knotenmenge des Graphen
vgl.	Vergleich
V_{Matrix}	Verbindungsmatrix
X	Externe Effekte
xyz	Koordinaten
z	Zufallszahl
z.B.	zum Beispiel

Abbildungsverzeichnis

1 Einführung

Mit dem raschen Wandel der Märkte /War92/, /West92/, /HAMN91/, in denen "der Kunde eine immer schneller werdende Zielscheibe darstellt", wird es für die Unternehmen immer wichtiger, sich in ihrer Struktur, in ihren Abläufen und mit ihren Produkten kontinuierlich der jeweiligen Marktsituation anzupassen /BaPl93/, /Hei95/, /Schu92/. Die "optimale" Gestaltung der Unternehmensorganisation mit der gezielten Neuausrichtung der Geschäftsprozesse gilt heute als der entscheidende Erfolgsfaktor für viele Unternehmen. Sie ermöglicht die Wettbewerbsfähigkeit.

Moderne Unternehmensorganisationen wie sie beispielsweise das Fraktale Unternehmen /War92/, /Sihn95/, die Vitale Fabrik /Geu97/, /Fuc94/, /Luk97/, das lernende Unternehmen /Sen90/, Bionic Manufacturing Systems /Eng92/, Agile Company /Noa94/, Virtuelles Unternehmen /MEFA96/, /Olb94/, /VeWi96/ oder auch der Ansatz von Hammer und Champy unter dem Schlagwort "Business Reengineering" darstellen, basieren auf der Neugestaltung von Geschäftsprozessen. In der Wirtschaft und in der Verwaltung ist geradezu eine Welle von Reengineering-Prozessen zu beobachten.

Für den zukünftigen Ausbau der Spitzenstellung eines Unternehmens am Markt gilt es, kundenwunschgerechte Produkte mit hoher Qualität zum richtigen Zeitpunkt in einem marktgerechten Preis-Leistungsverhältnis anzubieten. Bild 1-1 zeigt diese vom Markt geforderte Triade.

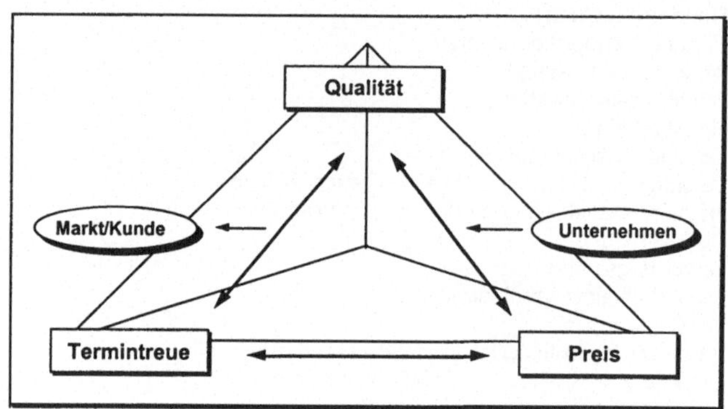

Bild 1-1　　　**Das magische Dreieck /Mae96/, /EMS89/, /Seg94/**

Diese Marktanforderungen lassen sich in das Unternehmen übertragen und müssen dort zeit- und zielgerichtet mit einer entsprechenden Ablauforganisation, Aufbauorganisation und motivierten Mitarbeitern[1] umgesetzt werden /Fuc93/. Durch die Einführung neuer Strukturen und Prozesse, die wesentlich effektiver zu handhaben sind und die auf Dauer überlebensfähiger sein werden als konventionelle Strukturen, wird dem Rechnung getragen.

---

[1] Nach Kühnle /Küh94/ gilt im Sinne der allfälligen Arbeitsteilung das Gebot, Rahmenbedingungen zu schaffen, die den Menschen dazu anregen, sich durch verstärkte Selbstorganisation, Selbstoptimierung und Vitalität in einen, im Sinne des Gesamtzieles, ausgerichteten Leistungsvollzug einzubringen. Individuelle Verantwortung und Kompetenz bestimmen dann die Entwicklung der Einheiten, den Beitrag zum Unternehmenserfolg und damit den Unternehmenserfolg selbst.

Die Gestaltung von Unternehmensstrukturen bedingt zwangsläufig eine kritische Auseinandersetzung mit Abläufen und Prozessen in einem Unternehmen. Fachbereichsorientierte Optimierungen reichen für eine nachhaltige Verbesserung der Unternehmensbilanz nicht aus. Nur eine fachbereichsübergreifende Neugestaltung der Unternehmensprozesse kann die notwendige effiziente und effektive Leistungssteigerung erbringen. Da eine Neugestaltung der Geschäftsprozesse keinen einmaligen, abgeschlossenen Vorgang bedeuten kann, sondern eine kontinuierliche Anpassung des Unternehmens an seine sich immer rascher verändernde Umwelt, sind spezifische Hilfsmittel und Werkzeuge erforderlich /BBÖ95/.

Eine kontinuierliche Organisationsentwicklung erfordert neben einem modernen Management entsprechende Gestaltungswerkzeuge. Die konventionellen Ansätze in der Unternehmensorganisation beschränken sich in der Regel auf den Einsatz von Business Process Reengineering-Tools als Modellierungswerkzeuge. Neuere Lösungsansätze streben die Erweiterung in Richtung einer Prozeßsimulation an. Deren Zielsetzung ist das Aufspüren von Medienbrüchen, hohem Ressourcenverbrauch, Wertschöpfungspotentialen, überflüssigen Kosten und langen Prozeßdurchlaufzeiten /Ren96/. Mit diesen Erkenntnissen wird der Prozeß manuell optimiert, d.h. "reengineert".

Bei immer höheren Anforderungen des Marktes an die Flexibilität und eine zunehmende Vernetzung der Unternehmen und damit der Geschäftsprozesse führt dieses "manuelle Optimieren" in vielen Fällen nicht zum angestrebten Erfolg. Ein neuer Weg, wie zukünftig die Umgestaltung der Geschäftsprozesse zielgerichteter und kostengünstiger abgewickelt werden kann, wird im folgenden beschrieben.

Das im Rahmen dieser Arbeit beschriebene Verfahren stellt einen sehr innovativen, praxisorientierten Lösungsansatz zur Optimierung der Geschäftsprozesse durch den Einsatz eines genetischen Algorithmus dar. Eingebettet in ein ganzheitliches durchgängiges Verfahren der Modellierung, Bewertung, Optimierung und Validierung werden die Unternehmensprozesse möglichst realitätsnah abgebildet und bewertet, um somit eine Unterstützung zur Optimierung der Geschäftsprozesse zu erhalten. Kriterien, die zur Bewertung herangezogen werden, sind Kosten, Qualität und Zeit.

2 Abgrenzung und Begriffsdefinition

Bevor nun auf das entwickelte Verfahren zur Bewertung und Optimierung von Geschäftsprozessen eingegangen wird, sollen zunächst einmal die in der Arbeit verwendeten Begriffe allgemein erläutert und anschließend definiert werden. Begonnen wird mit der Einordnung der Geschäftsprozesse in die Unternehmensorganisation. Daran anschließend soll über die Prozeßorientierung auf die Organisations- und Prozeßgestaltung hingeführt werden und mit der Geschäftsprozeßoptimierung die Themenabgrenzung und Begriffsdefinition abgeschlossen werden.

2.1 Unternehmensorganisation und Geschäftsprozesse

Die Vielfalt möglicher Betrachtungsweisen von Organisationen[2] zeigt, daß bei jeder Interpretation organisatorischer Zusammenhänge zuerst festgestellt werden muß, welche Perspektive oder Interessenlage dem gewählten Denkansatz zugrundeliegt. Bereits bei den geläufigen Organisationsansätzen, stellen Peter Gomez und Tim Zimmermann[3] fest, besteht oft eine große Unklarheit darüber, ob mit Organisation eine Institution, ein Instrument oder ein Ordnungsmuster gemeint ist. Manchmal wird im selben Zusammenhang der Begriff der Organisation einmal so und einmal anders verwendet.

Nach Ernst Nauer /Nau93/ lassen sich für die Organisation folgende Anforderungen ableiten:

- Schaffung günstiger organisatorischer Voraussetzungen zur Erreichung der unternehmerischen Ziele

- Erhöhung der Produktivität

- Möglichst ökonomischer Einsatz der Mittel

- Markt- und kundenorientierte Ausrichtung der Aktivitäten

- Schaffung einer transparenten und flexiblen Ordnungsstruktur

---

[2] Definition von Steinbuch /Ste90/: Zwei Inhalte sind nach Steinbuch für die Definition bedeutsam:
(1) Tätigkeit
Organisation ist eine Tätigkeit, die ausgeführt wird oder wurde.
(2) Vorgabe
Organisation ist das Ergebnis der Organisationstätigkeit. Damit ist die Organisation Struktur, Regelwerk und Gefüge. Für die Organisationsmitglieder ist sie eine Vorgabe.

Definition von Nordsieck: System von betriebsgestalteten Regelungen.

Definition von Schwarz: System dauerhafter angelegter betrieblicher Regelungen, das einen möglichst kontinuierlichen und zweckmäßigen Betriebsablauf sowie den Wirkzusammenhang zwischen den Trägern betrieblicher Entscheidungsprozesse gewährleisten soll.

Definition von Scheibler: Zielorientierte Gestaltung von Systemen.

Definition von Grochla: Strukturierung von Systemen zur Erfüllung von Daueraufgaben.

[3] In Anlehnung an Peter Gomez und Tim Zimmermann, die sich mit dem Thema Unternehmensorganisation auseinandersetzen /GoZi92/.

- Bestmögliche Abstimmung der Interessen des Unternehmens auf die Bedürfnisse der Mitarbeiter

- Schaffung einer günstigen Unternehmenskultur

Als Einsatzbereiche oder Objekte der Organisation führt Ernst Nauer /Nau93/ Prozesse oder Arbeitsabläufe, die Organisationsform und die Führungsstrukturen auf. Diese Einsatzbereiche, denen entsprechend Instrumente und Phasen zugeordnet wurden, ergeben die in Bild 2-1 dargestellte Beziehungsstruktur.

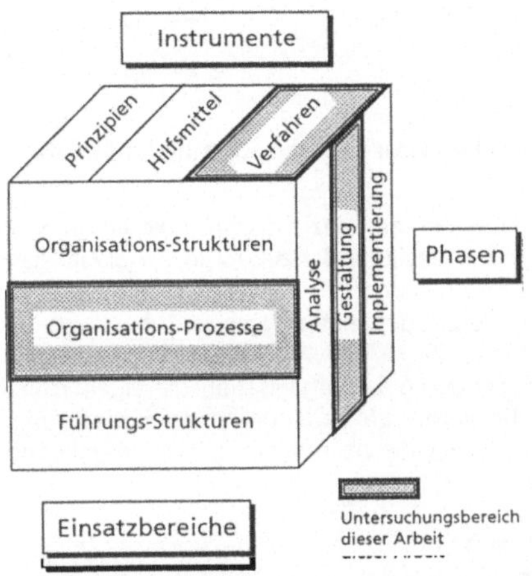

Bild 2-1   **Dimension der Organisation /Nau93, S.18/**

In der folgenden Arbeit soll im Rahmen der Unternehmensorganisation ein Verfahren zur Gestaltung der Organisationsprozesse entwickelt werden. Nicht betrachtet werden damit Aufgabenstellungen der Strukturgestaltung hinsichtlich der Fragen Zentralisierung und Dezentralisierung, Delegation und Funktionalisierung.

Um ein komplexes soziales Gebilde wie ein Unternehmen von Menschenhand bewältigen zu können, muß es in überschaubare Einheiten gegliedert werden. Die dazu erforderlichen Regeln werden als Organisation bezeichnet. Bezieht sich die Strukturierung auf das Unternehmen als statisches System, so wird die dazu entworfene Schar von Regeln als Aufbauorganisation bezeichnet. Bezieht sich die Strukturierung auf die vom Unternehmen auszuführenden Aufgaben, so wird der Entwurf der Regeln, nach denen die Aufgaben gegliedert werden, als Ablauforganisation bezeichnet /Büh94/, /Ste90/, /Gai76/, /Sch80a/.

Die Unternehmensgestaltung befaßt sich mit der Wechselwirkung zwischen Struktur und Prozessen sowie deren Verhalten untereinander /HAMN91/, /Nau93/. Zur Klärung der Interdependenzen zwischen den Struktur- und Ablaufproblemen empfiehlt sich nach Nauer /Nau93/, in den meisten Fällen die folgende Reihenfolge einzuhalten:

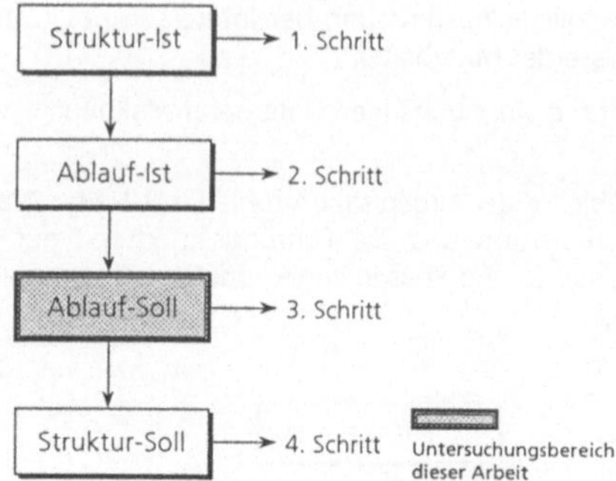

Bild 2-2　　　**Vorgehen bei Struktur- und Ablaufproblemen nach Nauer**

Die Unterstützung in den Unternehmen bezieht sich in dieser Arbeit auf den dritten Schritt in Bild 2-2. Die Erarbeitung und Aufstellung der zukünftigen Ablauforganisation soll mit dem vorgestellten Optimierungsverfahren durchgeführt werden. Wichtig ist hierbei, daß der zur Optimierung vorliegende Ablauf bereits durch den Organisator bereinigt wurde.

Nach Kosiol /Kos76/ steht bei der Ablauforganisation die eigentliche Aufgabenerfüllung - also wie eine Aufgabe ausgeführt wird - im Vordergrund der Betrachtung. Man versteht hierunter die Ordnung von Arbeitsprozessen, die zur Aufgabenerfüllung notwendig sind, hinsichtlich

- Zeit,
- Inhalt und
- Raum.

Die Ablauforganisation detailliert, mit zunehmender Bestimmung des Organisationsgrades nach Raum- und Zeitgesichtspunkten, das in der Aufbauorganisation festgelegte Handeln.

Der Begriff Geschäftsprozeß ist die Übersetzung des gebräuchlichen amerikanischen Begriffs Business Process /Sch95a/. Er wird im folgenden gleichbedeutend mit den Begriffen Ablauforganisation, Unternehmensprozeß oder auch Unternehmungsprozeß verwendet. Unter einem Geschäftsprozeß werden Tätigkeiten bzw. Verrichtungen zur Erstellung von Produkten bzw. Dienstleistungen verstanden, die in der Summe den betriebswirtschaftlichen, produktionstechnischen und finanziellen Erfolg des Unternehmens bestimmen[4, 5].

Ein Geschäftsprozeß ist in einer ersten allgemeinen Definition ein Prozeß, der unter betriebswirtschaftlichen Gesichtspunkten betrachtet wird /DINFa96, S. 16/.

---

[4] Vgl. hierzu Striening, H.-D.: Prozeß-Management, Frankfurt a.M., 1988, S. 57.

[5] Nach Becker und Vossen kann ein Prozeß auch definiert werden als die inhaltlich abgeschlossene, zeitliche und sachlogische Abfolge der Funktionen, die zur Bearbeitung eines betriebswirtschaftlich relevanten Objektes notwendig sind. Dieses eine Objekt prägt den Prozeß, weitere Objekte können in diesen Prozeß einfließen. Eine besondere Untermenge dieser Prozesse sind die Geschäftsprozesse.
Vgl. Vossen, Gottfried; Becker, Jörg: Geschäftsprozeßmodellierung und Workflowmanagement, 1996, S.19.

Eine etwas andere, weniger formale Definition für Prozeß lautet: "Ein Prozeß ist ein Bündel zusammengehöriger Aktivitäten, die in ihrer Gesamtheit für den Kunden ein Ergebnis von Wert erzeugen." /HamCh95, S. 20/. Hier ist schon klar erkennbar, welche Absicht man mit der Bildung oder besser der Identifikation von Geschäftsprozessen verfolgt. Business Reengineering und Change Management sind eng mit dem Begriff des Geschäftsprozesses verbunden. Aus der Notwendigkeit, Unternehmen zu verändern und dadurch den neuen Marktgegebenheiten anzupassen, wuchs die Idee, alte Strukturen über Bord zu werfen und sich auf das Wesentliche zu konzentrieren. Und genau das sind die Geschäftsprozesse - das Wesentliche. Dabei muß sich die Struktur des Unternehmens stets an den Prozessen orientieren /DopLa95, S. 92-93/.

Zum besseren Verständnis soll im Rahmen dieser Arbeit der Begriff Prozeß als Oberbegriff für den objektorientierten Prozeßdurchlauf (prozeßorientierte Sichtweise) durch das Unternehmen in Bild 2-3 definiert werden. Er besteht aus Einzeltätigkeiten, die in Prozeßketten den vollständigen Ablauf des Geschäftsprozesses unabhängig von den erfüllenden Subjekten (Person, Maschinen und Hilfsmittel) beschreiben.

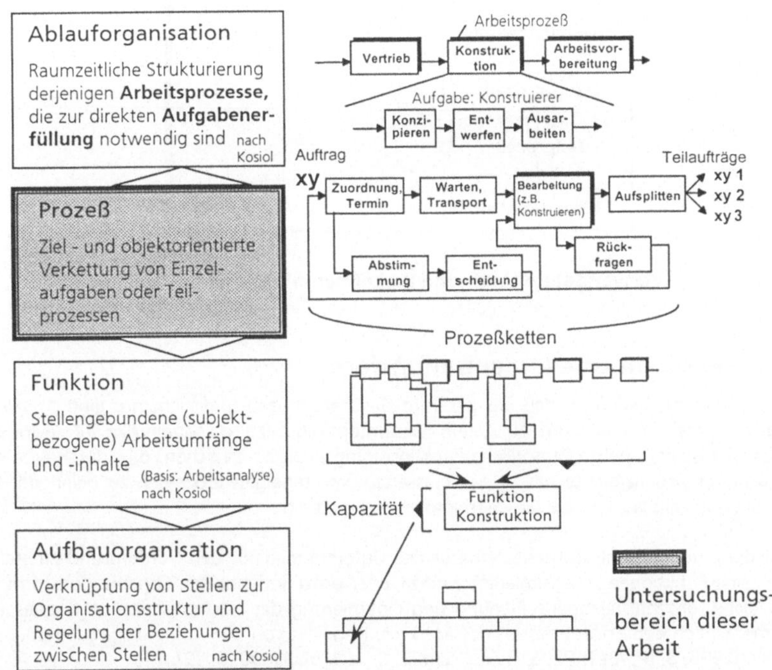

Bild 2-3   **Begriffe der Organisationsgestaltung (in Anlehnung an /Trän91/)**

Dieser Definition folgend können Abschnitte von Prozeßketten (Arbeitsumfänge) einzelnen Subjekten zugeordnet werden. Die klassische Organisationslehre definiert erst durch den Subjektbezug den Begriff der Funktion /Kos76/. In der Praxis wird der Begriff jedoch häufig gegensätzlich und irreführend verwendet.

Entsprechend Bild 2-3 wird in dieser Arbeit unter dem Begriff Prozeß die ziel- und zeitgerichtete Verkettung von Einzelaufgaben oder Teilprozessen verstanden.

Die Begriffe und ihre gegenseitige Zuordnung, wie sie in dieser Arbeit verwendet werden, sind in Bild 2-4 dargestellt. Ein Ablauf besteht aus einzelnen Prozessen, die miteinander in einer eindeutigen Verbindung stehen. Ein Prozeß oder eine Aktivität kann unter unterschiedlichen Detaillierungsgraden betrachtet werden. Der Geschäftsprozeß stellt die gröbste Betrachtungsweise dar und kann entsprechend Bild 2-4 hierarchisch weiter aufgebrochen werden. Im Rahmen dieser Arbeit bezieht sich die Modellierung auf die Ebenen der Teilprozesse oder Einzeltätigkeiten.

Bild 2-4   **Verwendete Ablauf- und Prozeßdefinition**

2.2 Prozeßorientierte Organisationsform

Prozeßorientierung bedeutet, daß der gesamte Geschäftsprozeß und nicht nur eine Abteilung integrativ betrachtet wird, um zu einem Gesamtoptimum zu gelangen /Die90/, /Mou91/, /WW93/. Ziel ist es, eine größtmögliche Funktionsintegration zu erreichen, d.h. durch eine Anreicherung der Arbeitsinhalte hin zu geschlossenen, vollständigen Prozessen zu gelangen. Die Aufbauorganisation wird an die Geschäftsprozesse angepaßt.

Anstatt die aufbauorganisatorische Struktur des Unternehmens in den Vordergrund zu stellen und einzelne Funktionen zu optimieren, wird in einer prozeßorientierten Organisationsform die ganzheitliche, ergebnisbezogene Planung und Optimierung der Leistungserstellung[6] eines Unternehmens nach den Erfordernissen des Marktes, losgelöst von der Aufbauorganisation angestrebt /Fah1995, S. 3/, /BeTh92, S. 3-5/, /Ham90, S. 108/, /DaSh90, S. 12/.

In dieser Arbeit wird bei der Prozeßoptimierung eine prozeßorientierte Organisationsform herangezogen. Ziel ist es, die hohe Spezialisierung der Verrichtungen und Tätigkeiten aufzulösen und analog zu einer materialflußorientierten Produktion in eine prozeßorientierte Organisationsform überzuführen.

---

[6] Unter Leistung wird ein Produkt oder eine Dienstleistung verstanden.

Um eine Beschleunigung des Gesamtablaufs sicherzustellen, bedarf es einer stärkeren Verknüpfung der Tätigkeiten in den verschiedenen funktionalen Unternehmensbereichen. Im Mittelpunkt steht folglich die Harmonisierung der Schnittstellen zwischen Einzelbereichen, mit dem Ziel einer intensiven Informations-, Daten- und Entscheidungsintegration /Bro89/. In Bild 2-5 ist eine traditionelle Organisation im Vergleich zu einer prozeßorientierten Organisation dargestellt.

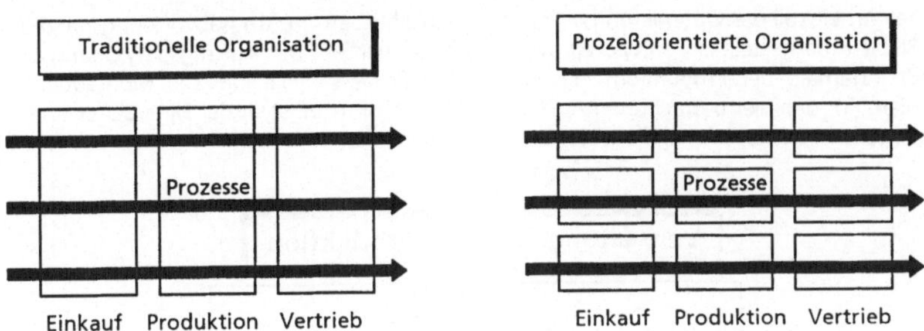

Bild 2-5   **Vergleich einer traditionellen mit einer prozeßorientierten Organisation**

Als Beispiele für Geschäftsprozesse sind die Auftragsbearbeitung, Produktentwicklung, Reklamationsbearbeitung, Kundenakquisition, Einkaufsabwicklung oder das Bestellwesen zu nennen. Bei Büroprozessen findet im Gegensatz zu Fertigungsprozessen im eigentlichen Sinne kein Materialfluß statt, sondern Menschen wirken mit Sachmitteln zusammen und verarbeiten im wesentlichen Informationen.

Erfolgsfaktoren für Organisationsformen und folglich Ziele, die durch die Reorganisation der Geschäftsprozesse erreicht werden können, sind zum Beispiel[7]:

- Transparenz in den Prozessen, beispielsweise durch exakte Zuordnung von Kosten zu Einzelprozessen. Die Gesamtkosten für einen Geschäftsbereich werden in die Kosten für die verschiedenen Geschäftsprozesse aufgespalten.

- Geeignete Gestaltung der Beziehungen zwischen den einzelnen Organisationseinheiten mit der Zielsetzung, die Anzahl der Schnittstellen zu minimieren, um ein reibungsloses Funktionieren zu gewährleisten.

- Die Auftragsdurchlaufzeit wird insbesondere durch den Wegfall von Liege- und Transportzeiten gestrafft. Die Flexibilität gegenüber Veränderungen wird erhöht.

- Einsatz von Organisationsmitteln, die die beteiligten Mitarbeiter in ihrer Arbeit wirkungsvoll unterstützen.

- Einsatz von Informations- und Kommunikationstechniken, die den Informationsaustausch zwischen den einzelnen Organisationseinheiten mitgestalten und transparent machen.

---

[7] vgl. Nauer, Ernst: Organisation, 1993; Wittlage, H.: Organisationsgestaltung, 1995, S. 212.

- Einzelne Mitarbeiter erledigen zusammenhängende Aufgaben, die Arbeitsteilung sinkt. Kontrolltätigkeiten können reduziert werden, Entscheidungen besser delegiert werden.

2.3 Auftragsabwicklungsprozeß

In dieser Arbeit soll das Optimierungsverfahren beispielhaft am Auftragsabwicklungsprozeß, wie er in Bild 2-6 dargestellt ist, entwickelt und vorgestellt werden. Der Auftragsabwicklungsprozeß umfaßt innerhalb der Produktion personalintensive Prozesse, wie ihn z.B. Montageprozesse darstellen. Für den hier betrachteten Auftragsabwicklungsprozeß stellt der Mitarbeiter und nicht kapitalintensive Betriebsmittel die wesentliche Ressource dar.

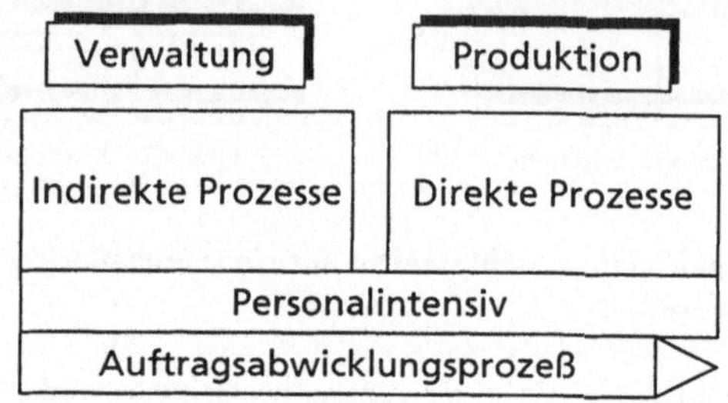

Bild 2-6   **Auftragsabwicklungsprozeß**

Die Konzentration auf den Auftragsabwicklungsprozeß resultiert aus den folgenden zwei Gründen heraus:

- Die große Bedeutung, die der Auftragsabwicklungsprozeß im Unternehmen hat.

- Veränderungsprozesse, wie beispielsweise der Aufbau neuer Produktionsstrukturen und -netzwerke, mit drastischer Reduzierung der Planungszeiten, kürzere Innovationszyklen sowie eine Globalisierung der Weltwirtschaft, was sich direkt auf die nationalen Märkte auswirkt, bedingen eine zunehmende dynamische Neugestaltung des Auftragsabwicklungsprozesses.

Zur Verdeutlichung des Gewichts der Auftragsabwicklung im Unternehmen wird zunächst die organisatorische Einbindung der Auftragsabwicklung im Unternehmen betrachtet.

Der Anteil von unproduktiven Zeiten im gesamten Auftragsdurchlauf liegt in vielen Unternehmen bei 80-90% /Bäc90/. Die Auftragsabwicklung ist nicht in der Lage, die hohen Anforderungen des Marktes zu erfüllen. Der massive Einsatz von EDV-Unterstützung (z.B. PPS) hat nicht die erwarteten Verbesserungseffekte erbracht /EMS89/.

Der erhöhte Koordinierungsaufwand ist insbesondere von Seiten der Auftragsabwicklung zu leisten, da hier Nichterfüllung in besonderem Maße z.B. durch fallende Termintreue gegenüber den Kunden spürbar und meßbar wird /Wil87/. Stalk und Hout /SH90/ kamen in einer Analyse amerikanischer Unternehmen der Investitionsgüterindustrie zu dem Ergebnis, daß mit der Zunahme der Komplexität, gemessen anhand der Anzahl der gleichzeitig im Unternehmen befindlichen Produktfamilien, die benötigte Anzahl an Mitarbeitern für die Erzielung eines Umsatzes von einer Mio. Dollar stark ansteigt. Als Triebfaktor für den zusätzlichen Aufwand sind die indirekten Bereiche maßgebend.

Entscheidend im Auftragsabwicklungsprozeß ist die Bedeutung der Informationsverarbeitung. Die Auftragsdurchlaufzeit wird nur zu 40% durch die produzierenden Bereiche determiniert /Fär91/, /Gro90/. 60% werden durch die planenden und entwickelnden Bereiche festgelegt, wobei häufig in beiden Bereichen der Liegezeitanteil bis zu 90% betragen kann. Somit werden bei 60% des Durchlaufs "nur" Informationen verarbeitet. Bezogen auf die Produktionskosten beträgt der Anteil der Informationskosten ca. 50% /Fär91/.

Die Beschreibung des Auftragsabwicklungsprozesses kann anhand einer Aneinanderreihung der notwendigen Arbeitsprozesse geschehen. Dabei existieren einerseits Prozesse, die im direkten Zusammenhang mit der Aufgabenerfüllung stehen und sich regelmäßig wiederholen. Andererseits existieren auftragsdynamische Prozesse, die nur auftragsbezogen, d.h. nicht unbedingt bei jedem Auftragsdurchlauf auftreten /Str88/, /Trän91/.

2.4 Geschäftsprozeßoptimierung

Der gewählte ganzheitliche Ansatz der Geschäftsprozeßoptimierung unterstützt den Organisator bei der Durchführung einer Reorganisation. Bild 2-7 zeigt eine Auswahl weiterer Optimierungsmöglichkeiten. In dieser Arbeit soll speziell der Themenbereich Prozeßoptimierung aufgegriffen und vorangetrieben werden. Die Standort-, Ressourcen- und Prozeßerfassung wird soweit betrachtet, wie es im Rahmen der Prozeßoptimierung erforderlich ist.

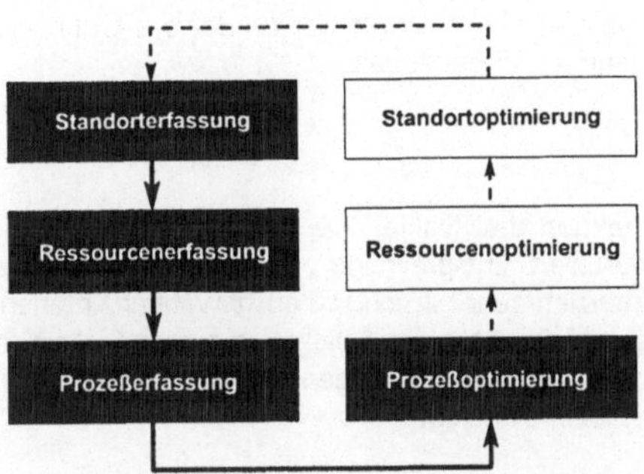

Bild 2-7   **Mögliche Einsatzfelder des Lösungsansatzes**

Um Prozesse verbessern zu können, müssen diese Prozesse erst erkannt und verstanden werden. Dazu ist es wichtig, sie in standardisierter Form zu beschreiben, also zu modellieren. Im Anschluß an die Modellierung erfolgt die Prozeßbewertung, auf die während des Optimierungsablaufs zugegriffen wird. Die Freiräume und Randbedingungen der Optimierung werden hinterlegt. Im Rahmen einer Validierung wird der optimierte Ablauf zeitdynamisch, mittels einer Simulation, betrachtet. Ziel ist es, das Potential und den Nutzen des neuen Ablaufs zu überprüfen.

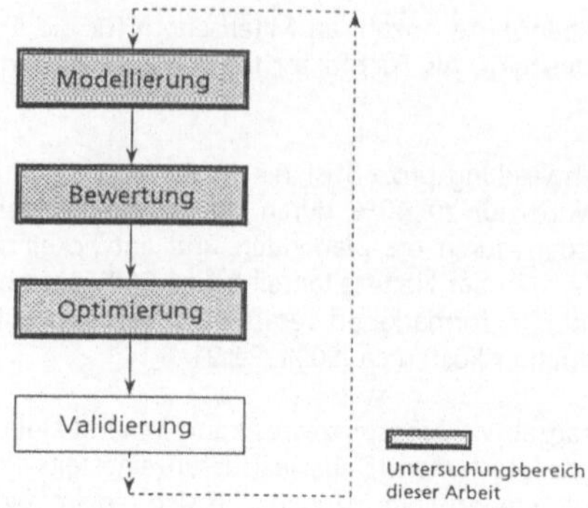

Bild 2-8   **Schritte der Geschäftsprozeßoptimierung**

Die Vorgehensweise zur Optimierung der Geschäftsprozesse umfaßt somit die folgenden vier Schritte:

1. Modellierung der Geschäftsprozesse
2. Bewertung der Geschäftsprozesse
3. Optimierung der Geschäftsprozesse
4. Validierung des optimierten Ablaufs

die in Bild 2-8 dargestellt sind. Im Rahmen dieser Arbeit werden insbesondere die Schritte eins bis drei betrachtet. Die Validierung in Schritt vier rundet das Optimierungsverfahren ab, bildet aber nicht das Hauptaugenmerk dieser Arbeit.

Modellierung

Ein Modell ist eine Abstraktion der Realität, die je nach Aufgabenstellung die Realität auf bestimmte Eigenschaften reduziert. Entsprechend versteht man unter einem Unternehmensmodell die Betrachtung eines Unternehmens hinsichtlich ausgewählter Kriterien. Dazu bedient man sich eines Objektmodells, das die Struktur der Objekte in einem System (hier: Unternehmen) und ihre Relation beschreibt. Zusätzlich werden Eigenschaften und Operationen, die ein Objekt ausführen kann, im Objektmodell festgelegt.

In dieser Arbeit umfaßt die Modellierung sowohl die Aufgabenbedarfsermittlung als auch die Beziehungsermittlung. Im Rahmen der Aufgabenbedarfsermittlung wird der tatsächliche Aufgabenbedarf und dessen Arbeitsabläufe erfaßt und bereinigt. Es werden Probleme der Ablauforganisation, die bei der Gestaltung der Organisationsstruktur eine Rolle spielen und die insbesondere mit der systematischen Erfassung und Strukturierung der Aufgaben[8], aber auch mit dem Vorgehen bei der Festlegung und Verbesserung von Arbeitsabläufen zusamnenhängen, betrachtet.

---

[8] Aufgaben sind Aufforderungen, Verrichtungen an Objekten, und zur Erreichung eines Ziels vorzunehmen. Die Formulierung und Zuweisung von Aufgaben, d.h. die Festlegung von Inhalt und Umfang der zu erwartenden Handlungen, bilden die zentrale Größe bei der Gestaltung des Arbeitssystems /Sch94a/.

Im Rahmen der Beziehungsermittlung werden die Interdependenzen zwischen den Teilprozessen und Einzelaufgaben abgebildet und bewertet. Grundlagen der Beziehungsermittlung stellen die Ansätze der Graphentheorie und der Netzplantechnik dar. Die eigentliche Aufgabe der Netzplantechnik ist laut DIN 69900 nicht nur die Planung eines Projekts, sondern ausdrücklich auch die Analyse, Beschreibung, Planung und Überwachung von Abläufen. Dabei stellt ein Geschäftsprozeß einen Ablauf dar.

Prozeßbewertung

Frese /Fre80/ führt zur Beurteilung von Organisationsstrukturen vier ökonomische Ziele ein. Seine Überlegungen beruhen dabei auf der Annahme, daß der Gesamterfolg eines Unternehmens in hohem Maße beeinflußt wird durch

1. das Ausmaß, in dem die vorhandenen **Ressourcen** im Unternehmen ausgenutzt werden,
2. das Ausmaß, in dem bestehende **Marktinterdependenzen** bei den Entscheidungen berücksichtigt werden,
3. die **Schnelligkeit**, mit der ein Unternehmen auf laufende Veränderungen im Entscheidungsfeld reagiert,
4. die Fähigkeit, sich mittel- und langfristigen Änderungen im Entscheidungsfeld durch **Innovationen** anzupassen.

Ein weit verbreitetes Verfahren bei der Bewertung von Organisationsstrukturen ist die Orientierung an Unternehmen, deren Organisationskonzeption eine große Leistungsfähigkeit zugesprochen wird. Die internationale Unternehmensberatungsgesellschaft A.T. Kearney definiert Benchmarking als "eine objektive, vergleichende Bewertung von organisatorischen Strukturen, Kosten, Technologien, Leistungskennwerten und Prozessen mit Hilfe von Indikatoren, die sich aus der direkten Analyse von Daten und Informationen einer repräsentativen Gruppe von ähnlichen oder konkurrierenden Unternehmen ergeben, die als die Weltbesten gelten" /Kre94, S. 86/.

Tikart formuliert für die Firma Mettler-Toledo in Albstadt folgendes Unternehmensziel: "Entwicklung der Eigenschaft, im höchsten Maße anpassungsfähig zu sein gegenüber den sich permanent verändernden Bedingungen und Chancen des Marktes, ohne die Kostenvorteile einer industriellen Produktion zu verlieren"[9]. Nach Tikart geschieht die evolutionäre Optimierung der Prozesse durch Benchmarking und kann entstehen, wenn folgende drei Regeln verwirklicht werden:

1. Eine prozeßstrukturierte Organisation (eine fraktale Organisation).
2. Die Vermeidung von Blindleistungen, z.B. in dem Falle der Doppelbestimmung eines Elementes.
3. Die permanente evolutionäre Optimierung der einzelnen Prozesse, z.B. durch Benchmarking.

In dieser Arbeit sollen zur Prozeßbewertung die drei Kriterien Kosten, Qualität und Zeit herangezogen werden. Die Kosten können bei der Betrachtung des Auftragsabwicklungsprozesses über die zur Prozeßdurchführung erforderliche Mitarbeiterqualifikation abgebildet werden. Die Qualität wird durch eine Risikoprioritätszahl bewertet, die das Ergebnis einer Geschäftsprozeß-FMEA darstellt /HoUr90/. Die Bewertungsfunktion hinsichtlich der Zeit wird repräsentiert durch die Vorgangsdauer und die Übergangszeit.

---

[9] Im Vergleich hierzu Tikart, Johann: Lean Company, Seite 363 ff /Tik94/.

Prozeßoptimierung

Ausgehend von der Modellierung und Prozeßbewertung soll im nächsten Schritt eine Optimierung der Geschäftsprozesse vorgenommen werden. Wichtig ist dabei, daß das Ergebnis der Optimierung immer ein Geschäftsprozeß ist, der nicht im Widerspruch zur modellierten Aufgabenstellung steht. Um dies zu erreichen, muß eine Optimierungsmethode ausgewählt werden, die diese Forderung im Grundsatz erfüllt. Bei näherer Betrachtung zeigt sich, daß diese Forderung durch eine Methode erfüllt wird, die sowohl eine kombinatorische als auch eine optimierende Komponente enthält:

Kombinatorische Komponente: Aufgabe der kombinatorischen Komponente ist es, alle möglichen, zulässigen Geschäftsprozesse zu erzeugen. Diese ergeben sich aus der Modellierung.

Optimierende Komponente: Ziel der Optimierungskomponente ist es, die durch die Kombinatorik erzeugten möglichen Geschäftsprozesse geschickt abzusuchen und zu bewerten, um den besten Ablauf herauszufinden.

Es handelt sich also um ein **"Combinatorical Optimization Problem"** (COP). COPs wurden meist mit Hilfe des Branch-and-Bound Verfahrens gelöst. In dieser Arbeit sollen alternativ dazu sogenannte "Constrained Programing Techniques" eingesetzt werden. Ein wesentlicher Gedanke dabei ist es, Regeln ("constraints") zu finden, die gültige von ungültigen Lösungen unterscheiden können, so daß man den Suchraum von vornherein einschränken und gleichzeitig die Leistungsfähigkeit von Optimierungsalgorithmen ausnützen kann.

Bild 2-9 zeigt den Verfahrensablauf dieser Arbeit und faßt die für diese Arbeit relevanten Begriffe zusammen. Die betrachteten Themenfelder werden abgegrenzt. Gut zu erkennen ist der ganzheitliche, durchgängige Ansatz zur Geschäftsprozeßoptimierung. Der Schwerpunkt liegt auf der Anwendung eines genetischen Optimierungsverfahrens im Bereich der Prozeßgestaltung. Die Validierung besteht aus einer statischen und einer dynamischen Betrachtung zur Bewertung der optimierten Abläufe.

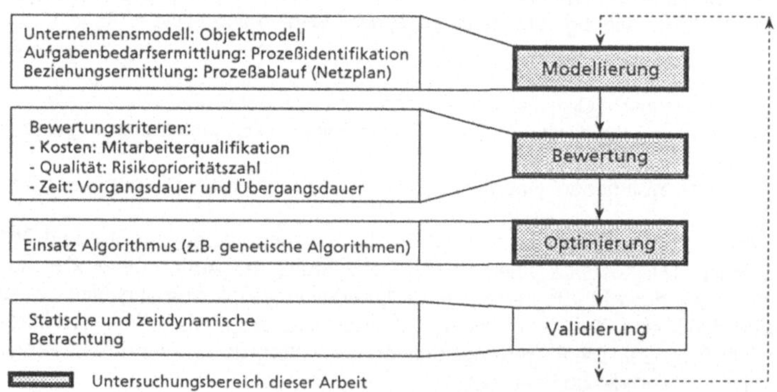

Bild 2-9   **Verfahrensablauf: Relevante Begriffe und Abgrenzung**

3 Anforderungen an ein Verfahren zur Optimierung von Geschäftsprozessen

Ein objektorientiertes Verfahren zur Optimierung von prozeßorientierten Geschäftsprozessen baut auf bestehenden Modellierungsmethoden auf, bzw. ergänzt diese um die für die Optimierung erforderlichen Attribute. Zielsetzung ist es, den an der Unternehmens- und Prozeßgestaltung beteiligten Personengruppen, wie z.B. der Unternehmensleitung und Führungskräften, Organisationsgestaltern, Systemanalytikern und Prozeßträgern, ein Verfahren an die Hand zu geben, das sie über die Phase der Analyse und Modellierung der Geschäftsprozesse hinaus unterstützt.

Für die Verfahrensentwicklung sind folgende Fragestellungen zu untersuchen:

- Wie muß das **Unternehmensmodell** ausgestaltet sein?

  Hier gilt es, die für die Geschäftsprozeßoptimierung relevanten Beschreibungsinhalte herauszuarbeiten und festzulegen. Ziel ist es, ein präzises, kompaktes, verständliches und korrektes Modell des realen Unternehmens mit seinen Prozessen und Strukturen zu entwickeln.

- Welches sind die für ein Unternehmen relevanten Prozesse und Abläufe?

  Ziel dieser **Aufgabenbedarfsermittlung** ist es, die Geschäftsprozesse und Aufgaben im Unternehmen systematisch zu erfassen und zu strukturieren. Welche zusätzlichen Mechanismen und Attribute sind erforderlich, um die abgebildeten Beschreibungsinhalte zur Bewertung und Optimierung heranziehen zu können?

- Wie stehen die Prozesse in Beziehung zueinander?

  Das Ziel der **Beziehungsermittlung** ist es, die logischen und zeitlichen Abhängigkeiten der Prozesse festzulegen. Die relevanten Informationsinhalte zur Darstellung der Ablaufstruktur sowie zur Bewertung der Abläufe werden erfaßt.

- Welches sind die Kriterien zur **Bewertung** der Geschäftsprozesse?

  Zur Prozeßbewertung ist eine entsprechende Zielfunktion aufzubauen. Welche Einzelkriterien können verwendet werden und wie sind sie mathematisch zu formulieren?

- Wie sieht das Modell einer **Prozeßoptimierung** aus?

  Kann mit den Beschreibungsinhalten ein Optimierungsmodell für einen genetischen Algorithmus festgelegt werden? Die Grundprinzipien eines Algorithmus müssen herausgearbeitet werden, um zielgerichtet neue Lösungen vorlegen zu können. Die Grundprinzipien der Evolution wie Selektion, Rekombination und Mutation werden auf das Anwendungsfeld der Geschäftsprozeßoptimierung übertragen und angewendet.

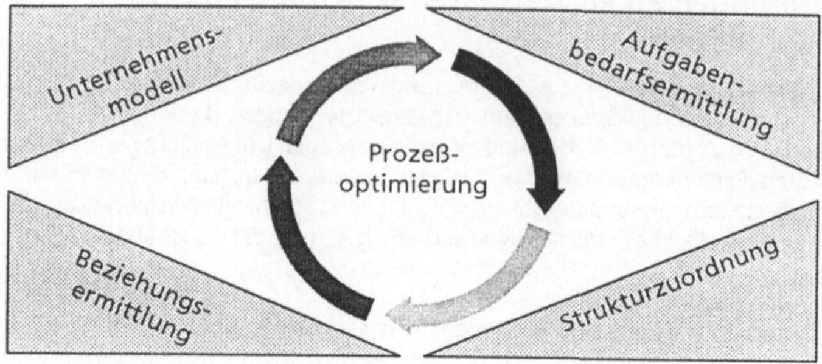

Bild 3-1   **Gestaltungsfelder eines Verfahrens zur Bewertung und Optimierung von prozeßorientierten Unternehmensstrukturen**

Die Anforderungsgruppen bauen aufeinander auf und ergänzen sich. Wie in Bild 3-1 dargestellt, steht das Optimierungsmodell, mit dem Festlegungen für die zukünftige Gestaltung der Prozesse getroffen werden, im Zentrum. Da die Optimierung auf dem Istmodell aufsetzt, muß sie formal mit den durch die Modellierungssprache festgelegten Beschreibungsinhalten zur Codierung vorbereitet werden.

3.1 Modellierung

In jedem Unternehmen fallen laufend neue Aufgaben an, es werden Formulare geschaffen, Statistiken ausgedruckt und damit aktuelle Bedürfnisse gedeckt. So entstehen Arbeitsabläufe, die immer komplizierter, schwerfälliger und zeitaufwendiger werden. Bei derart unsystematisch angelegten Arbeitsabläufen muß die Frage gestellt werden, ob diese Arbeitsabläufe einen Beitrag zur Leistungserstellung erbringen oder ob es sich um sogenannte Leeraktivitäten handelt. Gut ist ein Arbeitsablauf dann, wenn die Prozesse

- auf dem kürzesten Weg,
- in der kürzesten Zeit,
- mit dem geringsten Arbeitseinsatz,
- in der entsprechenden Qualität und Sorgfalt

erledigt werden. Kurz ist ein Weg dann, wenn sich möglichst wenig Organisationseinheiten mit einem Prozeß befassen müssen. Das Streben nach kürzeren Zeiten impliziert das Streben nach kurzen Bearbeitungs-, Transport- und Liegezeiten. Mit der Forderung nach dem effektivsten Arbeitseinsatz ist die organisatorische Frage von Dezentralisierung versus Zentralisierung verbunden. Die Standardisierung und Modularisierung der Prozesse ist voranzutreiben. Die Wahl der richtigen Hilfsmittel und ihres adäquaten Einsatzes ist dabei entscheidend. Zur Lösung all dieser Frage- und Problemstellungen ist es erforderlich, die realen Abläufe zunächst zu modellieren.

3.1.1 Unternehmensmodell

Bevor die Geschäftsprozesse eines Unternehmens verbessert werden können, müssen die Prozesse erst erkannt und verstanden werden. Dazu ist es wichtig, sie in einer standardisierten

Form beschreiben zu können. Bei dieser Beschreibung, auch als Modellierung bezeichnet, gilt es, verschiedene Varianten eines Prozesses zu identifizieren und zu bewerten.

Ein Modell ist dabei ein immaterielles und abstraktes Abbild der Realwelt für die Zwecke eines Subjektes. Modelle werden als Hilfsmittel zur Erklärung und Gestaltung realer Systeme eingesetzt. Erkenntnisse über Zusammenhänge und Sachverhalte bei Realproblemen können mit Hilfe von Modellen aufgrund der Ähnlichkeit gewonnen werden, die zwischen dem realbetrieblichen System und dem Modell als Abbild dieses Systems besteht. Sinn des Modells ist es, die Wirklichkeit so zu vereinfachen, daß sie für die Zwecke, die das Subjekt verfolgt, handhabbar ist. Im Modell finden Gegebenheiten der Realwelt, die dem Zweck, den das Subjekt mit der Modellierung verfolgt, nicht dienlich sind, keine Berücksichtigung /VoB1996, S. 19/.

Die wichtigsten Anforderungen sind im folgenden dargestellt:

- **Ablaufdarstellung:**
  Kern jeder Methode zur Geschäftsprozeßmodellierung ist die Beschreibung der Abläufe. Neben Folgen, Verzweigungen und Schleifen müssen auch parallele Abläufe darstellbar sein. Für die Anwendung innerhalb eines Verfahrens zur Optimierung liegt die Anforderung nicht auf einer intuitiven, verständlichen graphischen Darstellung der Geschäftsprozesse, sondern auf einer tabellarischen Abbildung. Wichtiger als die Darstellung der Geschäftsprozesse ist das korrekte Erfassen der für die Optimierung relevanten Kriterien.

- **Geschäftsobjekte:**
  In einem Unternehmen werden durch die einzelnen Prozesse Materialien zu einem Produkt verarbeitet bzw. eine Dienstleistung erbracht. Dazu werden Ressourcen wie z.B. Maschinen, Personal, etc. benötigt. Das Produkt wird dem Kunden ausgeliefert. Die Begriffe Material, Produkt, Ressource und Kunde bezeichnen hierbei einzelne Geschäftsobjekte, also Objekte, mit denen sich das Unternehmen beschäftigt. Diese Objekte müssen mit ihren Eigenschaften beschrieben und dem Prozeß zugeordnet werden.

- **Möglichkeit zur Beschreibung von Varianten:**
  Um einzelne Prozesse zu optimieren, müssen verschiedene Varianten eines Prozesses verglichen und bewertet werden. Dazu sind die Ziele, die mit den Prozessen verfolgt werden, zu beschreiben sowie Bewertungskriterien zu definieren. Der modellierte Prozeß muß die Möglichkeit beinhalten, Kennzahlen zum Vergleich zu liefern.

Das Ergebnis der Unternehmensmodellierung ist eine Abbildung des realen Unternehmens mit seinen Prozessen, Abläufen und Bewertungskriterien.

3.1.2 Aufgabenbedarfsermittlung

Mit dem zur Verfügung gestellten Unternehmensmodell sollen beispielhaft die erforderlichen Geschäftsprozesse ermittelt und aufgenommen werden. Ziel ist der Aufbau eines Referenzmodells, mit dem die anschließende Optimierung durchgeführt werden kann.

Für die Aufgabenbedarfsermittlung ist insbesondere folgende Fragestellung zu überprüfen:

- Wie muß das zu optimierende Referenzunternehmensmodell hinsichtlich der Geschäftsprozesse gestaltet sein?
  Hier gilt es, die für die Geschäftsprozeßoptimierung relevanten Prozesse und den Detaillierungsgrad der Prozesse festzulegen.

An die Modellierung der Aufgabenbedarfsermittlung werden folgende Anforderungen gestellt, für die Modellkonstrukte erarbeitet werden müssen:

- Differenzierte Abbildung der zur Ausführung eines Geschäftsprozesses benötigten **Ressourcen**, d.h. eingesetzte personelle und technische Ressourcen.

- Abbildung des Prozesses der **Leistungserstellung** durch ein einfaches **Input-Output-Modell**. Das Input stellt die erforderliche Eingangsgröße und das Output das resultierende Ergebnis des Einzelprozesses dar.

- Bestimmen und Abbilden der für einen **Prozeß relevanten Maßgrößen**.

Die Anforderungen hinsichtlich der Beschreibung der Leistungserstellung mittels eines einfachen Input-Output-Modells sind noch zu präzisieren und zu ergänzen. Geschäftsprozesse weisen nicht immer ein eindeutiges Verhalten auf. Sie können bestimmte Ablauf- und Ausnahmeregeln, wie z.B. die Fehlerbehandlung, aufweisen, so daß sie fallbezogen ein anderes Verhalten zeigen /Fah1995, S. 12/, /BeTh92, S. 5/, /TJ92, S. 62/. Hammer und Champy sehen in diesem differenzierten Prozeßverhalten eine Ursache der Komplexität bestehender Geschäftsprozesse /HC93, S. 55/. Da bei der Neugestaltung der Geschäftsprozesse eine starke Reduktion der Prozeßkomplexität angestrebt wird, müssen bereits bei der Abbildung bestehender Geschäftsprozesse Aussagen über die Prozeßkomplexität gemacht werden.

3.1.3 Beziehungsermittlung

Im Rahmen dieses Kapitels gilt es, die Anforderungen und Ziele der Beziehungsermittlung im Unternehmen zu formulieren. Unter Beziehung wird in dieser Arbeit die gegenseitige Abhängigkeit und Beeinflussung von Geschäftsprozessen verstanden. Die Beziehungen können unter verschiedenen Gesichtspunkten, wie beispielsweise Qualität, Zeit, Kosten etc. betrachtet und dargestellt werden.

Folgende Fragestellungen sollen für die Beziehungsermittlung geklärt werden:

- In welcher Form bestehen Beziehungen zwischen den Bewertungskriterien und den Geschäftsprozessen sowie zwischen den unterschiedlichen Geschäftsprozessen?

- Welche Erweiterungen des Unternehmensmodells sind erforderlich, um die Beziehungen untereinander beschreiben zu können?

Im Lösungsansatz zur Modellierung der Beziehungsermittlung müssen folgende Anforderungen und Ziele realisiert werden:

- **Kommunikationsbeziehungen** zwischen den Geschäftsprozessen sowie zwischen den Geschäftsprozessen und den Einheiten der Unternehmenswelt

- Abbildung der **zeitlichen Abhängigkeiten** der Geschäftsprozesse

- Abbildung der **Beziehungen** zwischen den **Unternehmensfunktionen** und den **Geschäftsprozessen** durch die Zuordnung der von einem Geschäftsprozeß geforderten Ressource

- Abbildung der **Abhängigkeiten hinsichtlich Prozeßqualität** und Beeinflussung zwischen den Geschäftsprozessen

- Abbildung der **monetären Abhängigkeiten** zwischen den Geschäftsprozessen

Zur Abbildung der zeitlichen Abhängigkeiten der Geschäftsprozesse muß in die Modellierung explizit das Ordnungskriterium Zeit einbezogen werden, da es eine wesentliche Zielgröße bei der Geschäftsprozeßgestaltung darstellt. Für die Beschreibung der zeitlichen Abhängigkeiten ist es daher erforderlich, daß die Modellierungsmethode

- abbilden kann, wie die Geschäftsprozesse ausgelöst werden.

- eine Abbildung der Reihenfolgebeziehungen der Geschäftsprozesse (sequentiell, parallel) unterstützt.

- die Prozeßausführungsdauer eines Geschäftsprozesses abbildet.

- eine Abbildung der Übermittlungsdauer bei Bewegungsobjekten vorsieht.

Diesen Anforderungen an die Beschreibung der Beziehungen entspricht ein Basismodell. Es muß an spezifische Unternehmensgegebenheiten hinsichtlich des Detaillierungsgrades sowie der Beziehungsarten anpassbar sein.

3.2 Prozeßbewertung

Bevor eine Optimierung von Prozessen durchgeführt werden kann, muß der Organisator die einzelnen Prozesse sowie die Beziehungen zwischen den Prozessen bewerten. Diese Bewertung umfaßt auch das Festlegen von "constraints", wie z.B. das Bestimmen von Vorgänger- bzw. Nachfolgerbeziehungen. In der Strukturierung und der Bündelung des gesamten Know-hows innerhalb dieser Bewertung liegt das eigentliche Potential für die Optimierung der Abläufe.

Die klassischen Größen Kosten, Qualität und Zeit werden zu Kriterien, die es direkt oder indirekt zu bewerten gilt. Im Rahmen dieser Arbeit werden genau diese drei Kriterien zur Bewertung der Beziehungen zwischen den einzelnen Prozessen herangezogen. Die Bewertung der Beziehung erfolgt zwischen den einzelnen Prozessen, weil davon ausgegangen wird, daß die wesentlichen Prozesse zuvor identifiziert worden sind. Dies ist erforderlich, da die Optimierung der Abläufe den Schwerpunkt dieser Arbeit bildet.

In diesem Kapitel gilt es, die Anforderungen und die Zielsetzung zur Prozeßbewertung zu formulieren, wobei die Prozeßbewertung zum Aufbau der Zielfunktion, die im Zusammenhang mit dem genetischen Algorithmus als Fitness-Funktion bezeichnet wird, herangezogen wird.

Folgende Fragestellung soll für die Prozeßbewertung geklärt werden:

- Mit welchen spezifischen Faktoren und Kennzahlen kann eine Prozeßbewertung durchgeführt werden?

An die Prozeßbewertung werden folgende Anforderungen gestellt:

- Definition der Bewertungskriterien Kosten, Qualität und Zeit bezüglich der Optimierung.
- Modellierung und Beschreibung der Bewertungskriterien im Objektmodell.
- Aufbau einer Zielfunktion mit je verschiedenen Gewichtungen.

3.3 Prozeßoptimierung

Im Rahmen dieses Kapitels werden die Anforderungen und Zielsetzungen zur Prozeßoptimierung im Unternehmen formuliert. Unter Optimierung wird in dieser Arbeit das Aufsuchen des kleinsten Wertes (Minimierung) oder des größten Wertes (Maximierung) einer Funktion (Zielfunktion, Objektfunktion) in einem bestimmten, durch Nebenbedingungen oft in Form von Gleichungen oder Ungleichungen beschriebenen, zulässigen Bereich verstanden.

Folgende Fragestellungen sollen für die Optimierung von Geschäftsprozessen geklärt werden:

- Welche Grundprinzipien eines genetischen Algorithmus sind erforderlich, um zielgerichtet zu neuen Lösungen zu kommen?
- Wie können die Grundprinzipien der Evolution wie Selektion, Rekombination, Mutation etc. auf das Anwendungsfeld der Geschäftsprozeßoptimierung übertragen und angewendet werden?

An Lösungsansätze zur Optimierung von Geschäftsprozessen werden folgende Anforderungen gestellt:

- **Integration** des Optimierungsverfahrens in ein Modell der Abbildung von Geschäftsprozessen.
- Generieren einer **praxisrelevanten** und **realistischen** Lösung.
- **Komplexitätsbeherrschung**
- Abbildung von Bedingungen, die den Lösungsraum einschränken, mit dem Ziel, die **Performanz** des genetischen Algorithmus zu verbessern und einen **redundanzfreien Ablauf**, d.h. genau einen alternativen Prozeßablauf zu erhalten.

Zur Erzielung eines redundanzfreien Ablaufs muß explizit das Thema Randbedingungen, im folgenden auch als "constraint" bezeichnet, in die Optimierung einbezogen werden. Für die Beschreibung der Randbedingungen ist es erforderlich, daß:

- eine Abbildung des Problems der Redundanz durch entsprechende **Randbedingungen** festgelegt wird und
- der genetische Algorithmus durch die Randbedingungen nicht zu schnell in ein **lokales Optimum** hineinläuft.

Diese Voraussetzungen für die Optimierung beschreiben ein grundlegendes Anforderungsprofil.

4 Stand der Technik

4.1 Modellierung

4.1.1 Unternehmensmodell

Das Thema der Modellierung steht in einem sehr engen Zusammenhang mit den Techniken der Informatik, denn gerade die Informatik versteht sich als eine Wissenschaft der Abstraktion. Sie stellt Modelle bereit, mit denen Sachverhalte beschrieben werden können, die dann in Form geeigneter Algorithmen einer programmtechnischen und damit der für einen Rechner umsetzbaren Realisierung zugeführt werden können.

Bei den Methoden zur Abbildung von Unternehmensmodellen anhand von Geschäftsprozessen kann grundsätzlich zwischen den Methoden aus dem Bereich des Software Engineering und den Ansätzen aus dem Bereich der Wirtschaftsinformatik unterschieden werden.

Zu den bekanntesten Modellen gehören Datenmodelle, die etwa im Zusammenhang mit Datenbankanwendungen oder im Software Engineering verwendet werden. Beispiele hierfür sind das Entity-Relationship-Modell /Chen76/, das Relationenmodell /VoB1996/ oder neuerdings Objektmodelle /Rum93/, /Booch91/, /CoYo90/, /Jack83/.

Forschung und Praxis verfolgen mit der strukturierten Erfassung und Analyse der Geschäftsprozesse und der entsprechenden Informationsprozesse drei wesentliche Ziele:

- die Ableitung von Verbesserungsansätzen innerhalb der Geschäftsprozesse selbst und, darauf aufbauend, die Optimierung dieser Geschäftsprozesse und der Aufbauorganisation,
- den Aufbau einer geschäftsprozeßorientierten Kostenrechnung,
- die Konzeption des erforderlichen Informationssystems.

Im folgenden werden Ansätze des Software Engineering und der Wirtschaftsinformatik vorgestellt. Ziel ist es, auf die Stärken und Schwächen der einzelnen Ansätze einzugehen, die wichtigsten Unterschiede und Ähnlichkeiten zwischen den Ansätzen klar herauszustellen und den für diese Arbeit am besten geeigneten Ansatz auszuwählen.

4.1.1.1 Methoden aus dem Bereich des Software Engineering

Zunächst werden Methoden aus dem Bereich des **Software Engineering** betrachtet. Ziel dieser Ansätze ist die Gestaltung von Informationssystemen. Unterschieden wird in Verfahren zur Darstellung und Analyse von Informationsflüssen einerseits und Verfahren zur Darstellung von Informationsverarbeitungsprozessen andererseits. Erstere weisen, bezogen auf die Anwendbarkeit in dem geschilderten Zusammenhang, meist ähnliche Vorgehensweisen auf. Sie sind jedoch aufgrund ihrer statischen Sichtweise meist funktional und nicht objektorientiert /Trän91, S. 37/.

Methoden aus dem Bereich des Software Engineering sind:

- Programmablaufpläne
- Structured Analysis/Structured Design (SA/SD)
- SADT bzw. IDEF0

- Prozeßmodellierung im Rahmen des Information Engineering
- Petri-Netze
- Objektmodelle

Programmablaufpläne

Programmablaufpläne[10] (PAP) gehören nach DIN 66001 wie Datenflußpläne zu der Gruppe der Blockdiagramme und sind für den Entwurf und die Dokumentation von Computerprogrammen konzipiert. Programmablaufpläne dienen der Darstellung der Art sowie der zeitlichen Reihenfolge von Verarbeitungsschritten und deren möglichen Verzweigungen, in Abhängigkeit von Entweder-Oder-Bedingungen /HeBu91, S. 163/. Die Beschreibung ist jedoch auf eine sequentielle Reihenfolgebeziehung beschränkt, so daß parallele Verläufe nicht abgebildet werden können. Dies hat zur Folge, daß entweder alle Geschäftsprozesse eines Unternehmens als sequentielle Folge in einem Programmablaufplan beschrieben werden müssen, oder daß jeder Geschäftsprozeß als sequentielle Folge von Arbeitsschritten einen eigenen Ablaufplan bildet.

Structured Analysis/Structured Design (SA/SD)

Structured Analysis/Structured Design (SA/SD) ist ein Variante des Datenflußansatzes. Yourdon, Constantine, DeMarco, Page-Jones und andere haben über SA/SD geschrieben. Ward und Mellor haben SA/SD um Echtzeiterweiterungen ergänzt. SA/SD ist umfassend, für viele Probleme anwendbar und gut dokumentiert.

Die OMT und die SA/SD-Methodologien verwenden zahlreiche ähnliche Modellierungskomponenten. Beide Methodologien unterstützen drei orthogonale Sichten auf ein System: das Objektmodell, das dynamische Modell und das funktionale Modell. Die OMT- und die SA/SD-Methodologie unterscheiden sich durch ihre unterschiedlichen Gewichtungen der verschiedenen Modellierungskomponenten. OMT-Entwürfe werden vom Objektmodell beherrscht. Im Gegensatz dazu betont SA/SD die funktionale Dekomposition[11] (Elementarisierung). Dabei wird ein System primär anhand der Funktion bzw. der Funktionen beurteilt, die es dem Endbenutzer zur Verfügung stellt /Rum93, S.323/.

Bei SA/SD ist die Dekomposition eines Prozesses in Teilprozesse relativ beliebig. Unterschiedliche Entwickler produzieren unterschiedliche Dekompositionen. Beim objektorientierten Entwurf basiert die Dekomposition auf den Objekten der Anwendungsdomäne. Die Entwickler unterschiedlicher Programme des gleichen Anwendungsbereichs identifizieren deshalb meist ähnliche Objekte. Dies erhöht die Wahrscheinlichkeit, daß Komponenten aus einem Projekt im nächsten wiederverwendet werden können.

SADT bzw. IDEF0

SADT (Structured Analysis and Design Technique) wurde in der Zeit von 1969 bis 1973 von Roos als graphisches Beschreibungsmittel für den Systementwurf entwickelt /Akt87, S. 71/. Seit dem Einsatz von SADT im Rahmen der ICAM-Studien (Integrated Computer Aided Manufacturing) ist

---

[10] Für eine Darstellung von Programmablaufplänen s. z.B. /DIN 66001/, /DIN 44300/, /Sch91a, S. 320-324/, /Sch91b, S. 613-615/, /Lie92, S. 22-31/.

[11] Ein System ist funktional untergliedert, wenn die Schnittstellen zwischen den Elementen minimiert sind /DeMa79, S. 42/.

es auch unter dem Namen IDEF0 (ICAM Definition) bekannt /Bru92, S. xii/. SADT unterstützt die Systembeschreibung aus Sicht der Aktivitäten und der Daten, indem es ein Aktivitäten- und Datenmodell[12] zur Verfügung stellt /KKST79, S. 60/.

Nicht darstellbar und damit nicht analysierbar sind dynamische Aspekte, wie die bedingte Verzweigung, die Reihenfolgeproblematik und die Synchronisation von Flüssen /Trän91 S. 27/. Als weitere Schwachpunkte von SADT hinsichtlich der Geschäftsprozeßmodellierung sind zu nennen:

- Keine differenzierte Abbildung von Input- bzw. Outputobjekten sowie von Ressourcen, da die Angabe jeweils textuell erfolgt.

- Keine Abbildung von Beziehungen zwischen Geschäftsprozessen und anderen Einheiten der Unternehmenswelt, wie z.B. Organisationseinheiten, Übermittlungsart von Informationen, etc.

- Keine Hinterlegung der Aktivitäten mit einzelnen Attributen, wie z.B. Zeitwerten für die Ausführungs- und Übermittlungsdauer.

- Keine Flexibilität hinsichtlich der unternehmensspezifischen Anpassung.

- Eine methodisch zwingende, starre Top-down-Vorgehensweise erschwert eine flexible Modellierung.

Zusammenfassend kann gesagt werden, daß die Modell-Entwicklung im BPR von SADT angesichts der wenigen zur Verfügung gestellten Konstrukte und der bedingten Wiedergabe von zeitlichen Abhängigkeiten nicht anforderungsgerecht unterstützt wird.

Prozeßmodellierung im Rahmen des Information Engineering

Information Engineering (IE) hat das Ziel, strukturierte Methoden auf die Anwendungssystementwicklung einer gesamten Unternehmung und nicht nur auf einzelne isolierte Projekte anzuwenden. Dabei sollen Tools verwendet werden, die die Planung von Informationssystemen, die Datenmodellierung und die Prozeßmodellierung unterstützen.

Die Prozeßmodellierung im Information Engineering-Ansatz ermöglicht nur eine Darstellung der Geschäftsprozesse in ihren logischen Reihenfolgebeziehungen. Einheiten der Unternehmensumwelt, die Geschäftsprozesse ausführenden Ressourcen sowie die Kommunikationsbeziehungen können nicht abgebildet werden /Fah1995, S.30/.

Als Schwachpunkte des Information Engineering-Ansatzes hinsichtlich der Geschäftsprozeßmodellierung sind folgende Punkte zu nennen:

- Im Process Dependency Diagram können nur logische Beziehungen /Mar90, S. 269/, nicht Art oder Dauer der Datenbereitstellung betrachtet werden.

- Eine Angabe der Ausführungsdauer und eine Definition von Prozeßzuständen sind nicht Beschreibungsinhalt.

---

[12] Das Datenmodell von SADT wird im folgenden nicht weiter betrachtet, da es für die Geschäftsprozeßmodellierung nicht relevant ist.

- Ein differenziertes Prozeßverhalten, bezogen auf unterschiedliche Input-objekte, die vom Prozeß in bestimmte Outputobjekte transformiert werden, können nicht abgebildet werden, da sich die Verknüpfungsmöglichkeiten ausschließlich auf den Prozeß beziehen.

- Unternehmensspezifische Anpassungen sind nicht berücksichtigt.

Zusammenfassend kann festgestellt werden, daß für die Geschäftsprozeßmodellierung zu wenig Konstrukte zur Verfügung stehen. Durch die Prozeß-Dekomposition als Ausgang der Prozeßmodellierung wird nur ein Top-down-Vorgehen unterstützt.

Petri-Netze

Petri-Netze /RoWi82/, /Pet62/, /Rei86/ bieten als einzige Methode die Möglichkeit, Prozeßabläufe dynamisch darzustellen. Sie könnten dadurch eine Grundlage für die Darstellung der Geschäftsprozesse bilden. Obwohl Petri-Netze der Theorie der nebenläufigen Prozesse zuzuordnen sind, finden sie außerhalb des Software Engineering vielfachen Einsatz[13] /Itt89, S. 90/. Die streng mathematische Fundierung erlaubt die Simulation eines modellierten Systems /Fah1995, S. 32/.

Die Anwendung von Petri-Netzen in der ursprünglichen Form ist zu generisch und zu komplex. Außerdem werden in der ursprünglichen Petri-Netz Theorie im Systemmodell keine Entscheidungsregeln abgebildet /Trän91, S. 37-38/. Für die Abbildung von Geschäftsprozessen sind Petri-Netze dann nur bedingt geeignet. Insbesondere die Beschränkung auf eine Abbildung von logischen und kausalen Reihenfolgebeziehungen ermöglicht in der Regel nicht die Erfassung von zeitlichen Größen. Ausgenommen davon sind zeitbewertete Petri-Netze, die, abhängig vom verwendeten Netztyp, die Zeitangaben entweder in den Stellen oder in den Transitionen festhalten /LABBLR91, S. 297-298/. Die Forderung nach einer Angabe der Zeitdauer der Input bzw. Outputobjekte sowie die Ausführungsdauer der Geschäftsprozesse ist daher nur beschränkt erfüllt.

Objektmodelle

Die bereits vorgestellten strukturierten Techniken stellen die Spezifikation der prozeduralen Aspekte von Software in den Vordergrund. Im Bereich des Software-Engineering hat sich in den letzten Jahren besonders die objektorientierte Analyse bewährt, um Anforderungen an zukünftige Software-Systeme in Form einer Menge kommunizierender Objekte zu definieren. In der Literatur sind eine Vielzahl unterschiedlicher Methoden vertreten /RBP91/, /CoYo90/, /Jac92/, /Boo94/. Die zwei bekanntesten und sicherlich auch wichtigsten Modellierungsmethoden stellen die Methode nach Booch 1994 und die Object Modeling Technique (OMT) nach Rumbaugh /Rum93/ dar[14].

---

[13] Wesentliches Anwendungsgebiet der Petri-Netze ist die Modellierung von Betriebssystemen. Für Anwendungsbeispiele aus anderen Bereichen siehe z.B. /JDB92/ Modellierung von Fertigungssystemen, /Sch92a/ Untersuchung von logistischer Fragestellung, /Möh89/ Petri-Netze in der Produktionstechnik oder /Eip92/ Simulation von Büro-Vorgängen.

[14] Der Einsatz eines objektorientierten Konzepts sowie einer sprachunabhängigen graphischen Notation ermöglicht es, von der Problembeschreibung über die Analyse und den Entwurf bis hin zur Implementierung eine durchgängige, einfache und anwenderorientierte Methodologie verwenden zu können. Die Object Modeling Technique nach Rumbaugh /Rum93/ - OMT-Methodologie - verwendet zur Beschreibung

Generell läßt sich sagen, daß die Methoden Booch1994 und OMT sehr eng miteinander verwandt sind und nahezu die gleichen Grundkonzepte, Analyse- und Entwurfsmethoden beinhalten /QaCh96/. Aus diesem Grunde werden zur Zeit diese beiden Methoden zur sogenannten Unified Modeling Language (UML) vereint /UML Summary97, S.3/. Die Unified Modeling Language (UML) ist eine konsequente Weiterentwicklung der Methoden von Grady Booch /Booch91/, /Boo94/, Jim Rumbaugh /Rum93/ und Ivar Jacobson /Jac92/.

Mit der "Vereinigung" ihrer Methoden der objektorientierten Modellierung verfolgen Booch, Rumbaugh und Jacobson unter anderem zwei Ziele. Zum einen sollen mit Hilfe objektorientierter Konzepte Systeme und nicht nur Software modelliert werden, und zum anderen soll eine ausdrückliche Verbindung zwischen konzeptionellen und ausführbaren Werkzeugen hergestellt werden.

UML versucht grundsätzlich alle Methoden der objektorientierten Modellierung zu integrieren, insofern sie wesentliche neue Aspekte zur Modellierung beitragen. Der Vorgang der Methodenentwicklung ist derzeit noch nicht abgeschlossen.

Zusammenfassende Betrachtung der Objektmodelle hinsichtlich der Eignung zur Unternehmensmodellierung

Objektorientierte Modelle sind nützlich, um Probleme zu verstehen, mit Anwendungsexperten zu kommunizieren, Unternehmen zu modellieren[15], Dokumentationen vorzubereiten, Programme und Datenbanken zu entwerfen. Die Vorteile einer objektorientierten Modellierung sind insbesondere:

- Leichte Änderbarkeit von Anwendungen und Modellen
- Leichte Erweiterbarkeit

---

eines Systems drei unterschiedliche Modelle: das Objektmodell, das dynamische Modell und das funktionale Modell.

Im Mittelpunkt von OMT steht das Objektmodell des Anwendungssystems. Das grundlegende Konstrukt dieser Denkweise ist das Objekt, das sowohl die Datenstruktur und Eigenschaften als auch das Verhalten in sich vereint. Dies steht im Gegensatz zur konventionellen Programmierung, bei der Datenstruktur und Verhalten nur lose miteinander verbunden sind. Das Objektmodell beschreibt die statische Struktur der Objekte und ihre Relationen in einem System. Das Objektmodell enthält Objektdiagramme. Ein Objektdiagramm ist ein Graph, dessen Knoten Objektklassen sind und dessen Linien (Kanten) Relationen zwischen Klassen sind.

Das zweite wichtige Element ist das dynamische Modell. Es beschreibt die Aspekte eines Systems, die sich im Laufe der Zeit verändern können. Das dynamische Modell enthält Zustandsdiagramme. Ein Zustandsdiagramm ist ein Graph, dessen Knoten Prozesse und dessen Linien Datenflüsse sind. Das ursprünglich dritte Modell, das funktionale Modell, verliert an Bedeutung, weil seine Inhalte in die ersten beiden Diagramme weitestgehend integriert werden können.

[15] Kohl, Claudia /Koh96, S. 63-79/ untersucht die Anwendbarkeit der objektorientierten Analysemethode OMT für die Modellierung von Unternehmen. Das daraus resultierende, objektorientierte Unternehmensmodell unterscheidet zwischen den Klassen-Typen "Organisationseinheit", "Prozeß" und "Entity", welche jeweils durch typische Struktur- und Verhaltens-Formen klar unterscheidbar sind und das Unternehmen in drei Teil-Objektmodellen beschreiben.
Die objektorientierte Analysemethode erfüllt die Anforderungen an unterschiedliche Sichtweisen, wie z.B. prozeß-, informations-, dokumenten-, ressourcen- und aktorenorientiert, im resultierenden objektorientierten Unternehmensmodell.

- Hoher Grad an Wiederverwendbarkeit

- Unterstützung bei der Realisierung moderner Konzepte wie Client-Server-Anwendungen und Benutzerschnittstellen.

Die Übertragung der Ansätze aus der objektorientierten Modellierung in den Bereich der Unternehmensorganisation eröffnet aufgrund der großen Flexibilität hinsichtlich ihrer Erweiterbarkeit und Anpassungsfähigkeit neue Potentiale. Die Unterstützung von Assoziationskonzepten[16,17] mit denen Verknüpfungen zwischen Objekten und Klassen hergestellt werden können, sind ein wichtiges Modellierungskonstrukt. Eine Person *"Arbeitet-für"* eine Firma ist ein Beispiel für eine Assoziation. Es können dadurch die verschiedensten Abhängigkeiten und Beziehungen im Unternehmen auf eine einfache Art und Weise beschrieben werden.

4.1.1.2 Methoden aus dem Bereich der Wirtschaftsinformatik

Im folgenden werden Methoden aus dem Bereich der **Wirtschaftsinformatik** betrachtet und auf ihre Anwendung im Bereich der Unternehmensmodellierung hin untersucht.

CIM-OSA

Zielsetzung des ESPRIT-Forschungsprojektes CIM-OSA ist die Entwicklung einer offenen Systemarchitektur, die die Basis für die Erstellung und Integration unternehmensspezifischer CIM-Systeme bilden soll /ESP93, S. 1, 11/, /Sch90, S. 65/, /Sto89, S. 14/. Im Mittelpunkt steht die prozeßorientierte Modellierung von Produktionsunternehmen /ESP93, S. 11/. Die entwickelten Modelle sollen zudem die Grundlage für eine Steuerung der Unternehmensaktivitäten legen /ESP93, S. 39/.

CIM-OSA sieht die folgenden Konzepte vor: das Modeling Framework, den System-Lebenszyklus und die Integrierende Infrastruktur /ESP93, S. 28/[18]. Das CIM-OSA Modeling Framework wird durch das Architekturkonzept[19], das Konzept der Modellierungsebenen[20] und das Sichtenkonzept /ESP93, S. 38-44/[21] gebildet. Für die hier zu untersuchende Problemstellung ist insbesondere die Function View auf der Ebene der Requirements Definition von Bedeutung.

---

[16] Der Begriff Assoziation wird hier mit der gleichen Bedeutung verwendet wie der Begriff Relation bei /Rum87/ und in der diskreten Mathematik. Er wurde ausgewählt, um Verwechslungen mit der engeren Verwendung des Begriffs Relation im Zusammenhang mit relationalen Datenbanken, die in der Regel nur Relationen zwischen reinen Werten, nicht zwischen Objekten mit einer eigenen Identität zulassen, zu vermeiden.

[17] Assoziationen werden seit Jahren zur Datenbankmodellierung ganz selbstverständlich verwendet.

[18] Die Integrierende Infrastruktur sowie der Systemlebenszyklus sind für Geschäftsprozeßmodellierung und -analyse nicht relevant und werden hier nicht betrachtet.

[19] Dieses umfaßt eine generische, partielle und partikuläre Ebene.

[20] Die Modellierungsebenen sind gemäß den Phasen des Software-Lebenszyklus gebildet: Requirements Definition, Design Specification und Implementation Description.

[21] Function View, Information View, Resource View und Organisation View.

Der von CIM-OSA zur Verfügung gestellte Sprachumfang[22] kann die Beschreibungsinhalte des BPR in ihrer Gesamtheit nicht abdecken. Daher kann CIM-OSA, insbesondere auch angesichts der fehlenden graphischen Modellierung[23], die Modell-Entwicklung im BPR nicht anforderungsgerecht unterstützen. Eine, wie in diesem Fall geforderte Unterstützung bei der Optimierung von Prozessen erfolgt nicht.

Architektur integrierter Informationssysteme (ARIS)

Neben dem Entwurf und der Implementierung von Informationssystemen rückt die Reorganisation von Geschäftsprozessen verstärkt in den Blickpunkt der ARIS-Anwendungen /IDS94, S. 2/. ARIS basiert auf einem allgemeinen betriebswirtschaftlichen Vorgangskettenmodell zur Beschreibung des betriebswirtschaftlichen Transformationsprozesses, den die Informationssysteme unterstützen sollen /Sch91c, S. 3/, /Ber91, S. 3/. Der Aufbau des Unternehmensmodells in ARIS erfolgt, wie bei CIM-OSA, innerhalb von Sichten und auf Modellierungsebenen gemäß des Softwarelebenszyklus /Sch91c/, /Sch95a/. Für die zu untersuchende Problemstellung sind insbesondere die in ARIS eingesetzten Methoden, Vorgangskettendiagramme und ereignisgesteuerten Prozeßketten (EPK) zur Durchführung der Vorgangskettenanalyse sowie zur Beschreibung der Steuerungssicht auf der Ebene des Fachkonzepts relevant.

Die Modellierung erfolgt graphisch. Bei größeren Modellen werden die Vorgangskettendiagramme sowie ereignisgesteuerten Prozeßketten unübersichtlich, da keine methodischen Navigationsmechanismen zur Verfügung gestellt werden. Durch die isolierte Abbildung jeweils einer "Prozeßkette" wird eine Visualisierung der Gesamtzusammenhänge zwischen den Geschäftsprozessen nicht unterstützt /Fah1995, S. 46/.

Zusammenfassend läßt sich feststellen, daß ARIS die Modell-Entwicklung im BPR angesichts der Einschränkungen im Sprachumfang, der logischen und isolierten Betrachtung einzelner "Prozeßketten" sowie der mangelnden Komplexitätsbewältigung nur bedingt unterstützten kann. Der Schwerpunkt in ARIS liegt insbesondere in der Analyse bestehender Prozesse[24]. Als neues Element wird eine Schnittstelle zur Simulation angeboten. Eine Unterstützung bei der Optimierung modellierter Prozesse erfolgt nicht.

---

[22] CIM-OSA sieht die Stepwise Instantiation /ESP93, S. 42/ vor, d.h. die unternehmensspezifische Konkretisierung der zur Verfügung gestellten generischen Beschreibungskonstrukte. Eine unternehmensspezifische Erweiterung des Sprachumfangs wird hingegen nicht unterstützt. Dieser ist durch die CIM-OSA Templates (Texttabellen) eindeutig hinterlegt.

[23] Eine Modellerstellung in CIM-OSA erfolgt mit generischen Konstrukten in einer strukturierten, textuellen Form. Dabei werden die CIM-OSA Templates (Texttabellen) für die Beschreibung verwendet. Es wird zwar auch die Möglichkeit einer graphischen Beschreibung vorgesehen, doch stellt CIM-OSA keine graphische Modellierungsmethode zur Verfügung. Die CIM-OSA-Templates sind für die Erstellung verständlicher Modelle ungeeignet. Da alle Aktivitäten eines Unternehmens modelliert werden sollen, enthält das Modell eine große Anzahl von Templates. Mit einer textuellen Beschreibung geht jeder Modellzusammenhang verloren. Auch bei einer graphischen Visualisierung wäre CIM-OSA ungeeignet für die Darstellung der Zusammenhänge zwischen den Geschäftsprozessen, da CIM-OSA eine Untergliederung des Unternehmens in Teilbereiche (Domains) anstrebt /Fah1995, S. 41/.

[24] Die Funktionen innerhalb der Geschäftsprozesse können mit Zeit-, Kosten- und Mengenangaben versehen werden. Für Ereignisse und Entscheidungsfunktionen besteht die Möglichkeit, Wahrscheinlichkeiten anzugeben. Auf der Basis dieser Informationen können die Prozesse analysiert werden /Sch95b/.

Integrierte Unternehmensmodellierung (IUM)

Die integrierte Unternehmensmodellierung (IUM) basiert auf einem objektorientierten Ansatz. Das objektorientierte Modell soll die beiden Hauptsichten Funktionen und Informationen innerhalb eines einzigen Unternehmensmodells vereinigen. Andererseits sollen diese Sichten explizit modelliert werden können /SMJ93, S. 60-61/, /Süs91, S. 69/. Die Sichtweise Funktionen stellt die an den Objekten des Unternehmens auszuführenden Aufgaben in den Vordergrund der Betrachtung, während die Sichtweise Informationen die Struktur und Merkmale der Objekte abbildet. Grundlage der Modellierung bilden ähnlich wie bei CIM-OSA Basisbausteine. Diese sind die generischen Objektklassen und das generische Aktivitätenmodell (IUM-GAM), die als anwendungsorientierte , vordefinierte Konstrukte die Modellerstellung erleichtern sollen. Unter der hier zu untersuchenden Problemstellung ist insbesondere die Entwicklung der Funktionssicht relevant.

Durch die Zielsetzung, beide Hauptsichtweisen auf ein Unternehmen in einem Modell zu vereinigen und dennoch deren explizite Modellierung[25] zu unterstützen, führt der IUM-Ansatz bei den vorgeschlagenen Konstrukten zu einer indirekten, abstrakten und schwer nachvollziehbaren Modellierung der Geschäftsprozesse /Fah1995, S. 50/.

Eine bedingt unternehmensspezifische Erweiterung kann durch die Spezialisierung der generischen Objektklassen Produkt, Ressource und Auftrag erfolgen. Allerdings sieht IUM nicht die Erweiterung um eine weitere generische Objektklasse vor. Das IUM-GAM ist nur für die gegebenen Objektklassen zu verwenden /Fah1995, S. 50/. Eine Unterstützung in Richtung Optimierung von Geschäftsprozessen ist nicht vorgesehen.

Semantisches Objektmodell (SOM)

Das semantische Objektmodell (SOM) ist erstmalig 1990 beschrieben worden /FS90/ und erweitert die Arbeiten von Sinz auf dem Gebiet des Strukturierten Entity Relationship Modell (SERM). SOM wird als Meta-Modell für eine Beschreibung betrieblicher Anwendungssysteme verstanden /FS93a, S. 136/, das insbesondere die strategische Gesamtplanung betrieblicher Informationssysteme sowie die Entwicklung einzelner betrieblicher Anwendungssysteme unterstützen soll /FS90, S. 1/.

Gemäß dem Geschäftsprozeßverständnis des BPR läßt sich der SOM-Ansatz auf die Abbildung der Geschäftsprozesse durch die statische Petri-Netz Variante "Netz aus Kanälen und Instanzen" reduzieren. Weder das Interaktionsmodell noch das konzeptuelle Objektschema und Vorgangsobjektschema dienen der Abbildung der für das BPR relevanten Beschreibungsinhalte. Die statische und einfachste Petri-Netzvariante "Netz aus Kanälen und Instanzen" kann die Modell-Entwicklung im BPR jedoch nur unzureichend unterstützen /Fah1995, S. 54/. Mit dem ursprünglichen SOM-Ansatz "Spezifikation eines Informationssystems" wird man der Modellierung von Geschäftsprozessen nicht gerecht. Ein Unterstützung hinsichtlich der Optimierung von Geschäftsprozessen findet nicht statt.

---

[25] Eine Tool-Unterstützung für die Modellentwicklung mit IUM liegt durch das Modellierungswerkzeug MO^{2}GO vor.

Objektorientierte Methode für die Geschäftsprozeßmodellierung und -Analyse (OMEGA)

Ziel der Objektorientierten Methode für die Geschäftsprozeßmodellierung und -analyse (OMEGA) ist es, insbesondere in einem geschlossenen Ansatz einen Sprachumfang für die Abbildung der relevanten Beschreibungsinhalte des BPR zur Verfügung zu stellen und ein simulationsfähiges Modell zum Ergebnis zu haben. Der Sprachumfang bildet die formale Basis für die anschließende Modell-Analyse. Es steht eine graphische Notation zur Verfügung, die alle wesentlichen Beschreibungsinhalte anschaulich verdeutlicht und den Modellierer bei der Modell-Entwicklung weitestgehend von textuellen Angaben befreit. Die Modell-Analyse besteht aus einer Auswertung der während der Modell-Entwicklung erfaßten Beschreibungsinhalte und soll Hinweise auf mögliche Schwachstellen liefern /Fah1995, S. 64/.

Die Methode konzentriert sich auf die Betrachtung der Informationsverarbeitung der Geschäftsprozesse. Der Materialfluß wird nur insoweit berücksichtigt, als er zu einer verständlichen Darstellung und zur Aufdeckung von Schwachstellen in Informationsbeziehungen der Geschäftsprozesse beiträgt. Eine Unterstützung hinsichtlich der geforderten Optimierung erfolgt nicht.

Übersicht und Bewertung bestehender Methoden und Modelle für die Abbildung von Geschäftsprozessen und Informationsprozessen

Die Analyse der Methoden aus dem Bereich des Software Engineering und der Ansätze aus dem Bereich der Wirtschaftsinformatik sowie ihre Eignung zur Unterstützung der Unternehmensmodellierung (mit der Zielstellung einer anschließenden Optimierung der Geschäftsprozesse) läßt sich wie folgt zusammenfassen:

Die Untersuchung der Methoden und der Ansätze hinsichtlich ihrer Abbildungsmöglichkeiten der für die Darstellung der Unternehmensprozesse relevanten Beschreibungsinhalte zeigt, daß keine dieser Methoden und Ansätze ein anforderungsgerechtes Datenmodell zur Verfügung stellt. Während sich die Methoden des Software Engineering, die Objektmodelle ausgenommen, im wesentlichen auf die Beschreibung der Reihenfolgebeziehungen der Geschäftsprozesse und ihre Input- bzw. Outputobjekte in Form von Daten sowie den reinen Informationsfluß beschränken, berücksichtigen die Ansätze der Wirtschaftsinformatik zum Teil auch die Ressourcenunterstützung der Geschäftsprozesse. Jedoch unterstützen weder die Ansätze der Wirtschaftsinformatik noch die Methoden des Software Engineering eine Optimierung von modellierten Geschäftsprozessen.

Die Mehrzahl der Methoden und Ansätze unterstützt zudem nur eine logische, statische Beschreibung, so daß weder die zeitlichen Abhängigkeiten der Geschäftsprozesse noch eine differenzierte Erfassung der Input- und Outputobjekte, bzw. der Übermittlungs- und Kopplungsarten berücksichtigt sind. Petri-Netze und CIM-OSA unterstützen zwar in einem größeren, aber auch nicht anforderungsgerechten Umfang die Abbildung der zeitlichen Abhängigkeiten /Fah1995, S. 59/. Die Schwerpunkte und Darstellungsmöglichkeiten der untersuchten Methoden variieren somit, jedoch erfolgt jeweils nur eine partielle Abbildung der erforderlichen Beschreibungsinhalte.

Eine erforderliche freie Abbildung der Beziehungen zwischen den Geschäftsobjekten, wie z.B. Material, Produkt, Ressource und Kunde, erfolgt nicht. Die als graphischer Strukturierungsmechanismus eingesetzte Diagrammorientierung[26] widerspricht dem Grundgedanken der ganz-

---

[26] Diese ist insbesondere bei SA und SADT methodisch in die Dekomposition integriert, um durch die Partitionierung und graphische Modellaufteilung einen modularen Systementwurf zu unterstützen. Bei einer

heitlichen Planung und Optimierung der Geschäftsprozesse in ihren Interdependenzen. Die graphische Strukturierung muß daher der abzubildenden Semantik folgen, so daß für die geforderte ganzheitliche Visualisierung eine Abkehr von der Diagrammorientierung erforderlich ist.

Die Visualisierung der Beschreibungsinhalte erfolgt bei allen untersuchten Methoden und Ansätzen mit Ausnahme von CIM-OSA durch eine graphische Notation. Der Anteil der textuellen Ergänzungen und Bemerkungen ist jedoch hoch, um die vorgesehenen Beschreibungsinhalte zur Optimierung erfaßbar zu machen.

Zusammenfassend läßt sich feststellen, daß keine Methode und kein Ansatz die Voraussetzungen für eine Optimierung von Geschäftsprozessen erfüllt. Die im Bereich des Business Process Reengineering üblicherweise verwendeten Verfahren beschränken sich in der Regel darauf, relevante Prozesse darzustellen, ohne diese evaluieren zu können /Har91/, /Dav93/. Die Bewertung muß meist intuitiv erfolgen. Bei diesen Verfahren steht das Erheben von Wirkungen und Daten im Vordergrund /Sch93a/. Ebenso dienen Werkzeuge, die zur Geschäftsprozeßoptimierung verfügbar sind, meist nur der Visualisierung der Abläufe; Bewertungskomponenten sind auch hier nicht oder nur in Ansätzen vorhanden /TCN96/.

Die Grundkonzepte aus den Objektmodellen weisen die höchste Anpassungsfähigkeit und Modellierungsflexibilität auf. Ihre Grundelemente stellen eine Basis für den Aufbau einer anforderungsgerechten Unterstützung bei der Modell-Entwicklung, -Analyse und -Optimierung dar.

4.1.2 Aufgabenbedarfsermittlung

Grundlage der Modellierung und der späteren Optimierung ist die Aufgabenbedarfsermittlung. Hierbei gilt es, die Geschäftsprozesse zu identifizieren. Es existieren verschiedene Ansätze, Geschäftsprozesse zu identifizieren, bzw. falls möglich, zu klassifizieren. Diese Ansätze lassen sich grob in die situative Identifikation einerseits und die Identifikation idealtypischer Prozesse andererseits einteilen /GSVR95, S. 6/.

4.1.2.1 Situative Identifikation

Ausgangspunkt ist die Annahme, daß jedes Unternehmen einzigartige Geschäftsprozesse besitzt und es sogar innerhalb von Branchen nicht möglich ist, Ähnlichkeiten zu finden. Dies hat zur Folge, daß bei jeder Modellierung von neuem begonnen werden muß und es grundsätzlich unmöglich ist, sogenannte Referenzmodelle zu erstellen. In dieser Arbeit wird nicht von einer situativen Identifikation ausgegangen.

4.1.2.2 Identifikation idealtypischer Prozesse

Eine wesentliche Erleichterung für die Modellierung wäre die Annahme, daß alle Unternehmen ähnliche Geschäftsprozesse besitzen. Unter dieser Voraussetzung könnten Referenzmodelle erstellt werden, die die Modellierung bis zu einem bestimmten Grade unterstützten. Die Ähnlichkeiten beschränken sich allerdings üblicherweise auf die höchsten Ebenen der Modellierung.

Tool-Unterstützung ist die Diagrammorientierung durch die Fenstertechnik realisiert, so daß der Modellierer hier eine weitestgehend identische Situation vorfindet. Statt auf zahlreiche Seiten, ist das Modell auf zahlreiche Fenster verteilt.

Es stellt sich die Frage, auf welche Geschäftsprozesse man die Gesamtheit aller Aktivitäten eines Unternehmens zurückführen kann. Dies soll im nächsten Abschnitt diskutiert werden.

Ein Referenzmodell ist Grundlage der Erstellung eines spezifischen Modells aus einem Modell "mit einem gewissen Grad an Allgemeingültigkeit" /Hars94 S.14/. Darüber hinaus muß es eine Methode geben, welche beschreibt, wie aus einem Referenzmodell ein spezifisches Modell generiert werden kann.

Konzepte der Identifikation idealtypischer Prozesse:

Zur Lösung der Fragestellung "Welches sind die idealtypischen Prozesse, die Geschäftsprozesse, eines Unternehmens?" sollen im folgenden eine Reihe unterschiedlicher Konzepte diskutiert und kurz vorgestellt werden.

Sommerlatte und Wedekind: Leistungsprozesse

Sommerlatte und Wedekind klassifizieren sogenannte "aggregierte, differenzierungsfähige Leistungsprozesse" /GSVR95, S. 8/. Diese sind:

- Kundennutzen-Optimierungs-Prozeß
- Marktkommunikations-Prozeß
- Produkt- und Leistungsbereitstellungs-Prozeß
- Logistik- und Service-Prozeß
- Auftragsabwicklungs-Prozeß
- Rentabilitäts- und Liquiditätssicherungs-Prozeß
- Kapazitätssicherungs-Prozeß
- Strategieplanungs- und Umsetzungs-Prozeß
- Personalplanungs- und Motivations-Prozeß

Diese neun Prozesse sind Bestandteil der höchsten Modellierungsebene. Sie sind Geschäftsprozesse. Die Prozesse der zweiten Ebene, die Hauptprozesse, können im Fall des Marktkommunikations-Prozeß: das Bestimmen des Kundennutzens, das Überzeugen von Marketing-, Vertriebs- und Servicemitarbeitern, das Bestimmen des Marketingmix, das Erarbeiten einer Marketingkampagne etc. darstellen. Dabei kann es zwischen verschiedenen Unternehmen oder Branchen große Unterschiede auf der Hauptprozeßebene oder tiefer geben, wohingegen die Geschäftsprozesse immer dieselben bleiben.

Kundenorientierte Geschäftsprozesse

Gaitanides, Raster und Rießelmann greifen das Konzept von Sommerlatte und Wedekind auf und entwickeln es in Richtung der Kundenorientierung weiter voran /GSVR95, S. 208-224/. Sie bleiben vorerst bei diesen neun Geschäftsprozessen, reduzieren jedoch die Klassifikation auf drei Gruppen. Bild 4-1 zeigt diese Zusammenfassung.

Gruppe	Definition	Prozesse
1	Geschäftsprozesse, deren Leistung es ist, interne Ressourcen bereitzustellen.	· Rentabilitäts- und Liquiditätssicherungs-Prozeß · Kapazitätssicherungs-Prozeß · Strategieplanungs- und Umsetzungs-Prozeß · Personalplanungs- und Motivations-Prozeß
2	Geschäftsprozesse, die die betrieblichen Kernprodukte bearbeiten.	· Kundennutzen-Optimierungs-Prozeß · Logistik- und Service-Prozeß
3	Geschäftsprozesse, deren Leistung es ist, die Transaktion mit dem Kunden durchzuführen.	· Marktkommunikations-Prozeß · Produkt- und Leistungsbereitstellungs-Prozeß · Auftragsabwicklungs-Prozeß

Bild 4-1   Gruppen von Geschäftsprozessen

Im weiteren lösen sich Gaitanides, Raster und Rießelmann ein wenig von dieser konkreten Klassifizierung und erstellen ein kundenorientiertes Unternehmensmodell, wie in Bild 4-2 dargestellt, in dem im wesentlichen nur noch zwischen Support- und Kernprozessen unterschieden wird /GSVR95, S. 212/.

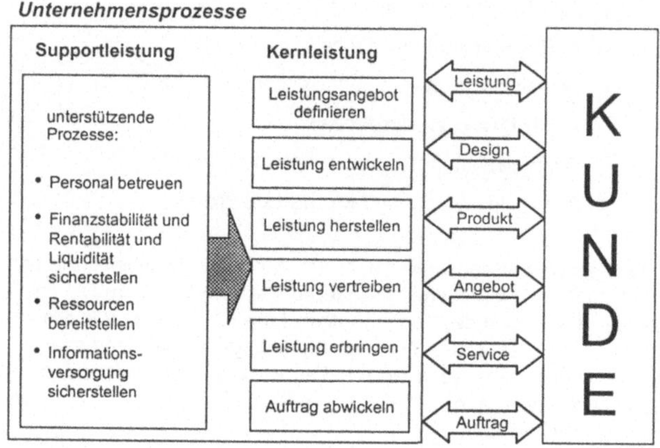

Bild 4-2   Kundenorientierung der Unternehmens- bzw. Geschäftsprozesse

Architektur integrierter Informationssysteme (ARIS)

Die Betrachtung und Modellierung von Geschäftsprozessen ist ein Ausgangspunkt der Architektur integrierter Informationssysteme, also ARIS. Wie und warum ein Informationssystem um die von ARIS definierten Geschäftsprozesse aufbaut, ist an dieser Stelle nicht von Bedeutung, da es hier in erster Linie interessiert, was Geschäftsprozesse sind und wie sie identifiziert werden können.

Die Gliederung des Informationssystems nach ARIS unterteilt sich in der höchsten Ebene nach Geschäftsprozessen /Sch95a, S. 85-87/. Dabei sind die drei wichtigsten Geschäftsprozesse, wie in Bild 4-3 dargestellt:

- Logistik

- Leistungsentwurf

- Übergreifende Informations- und Koordinationsprozesse

Bei näherer Betrachtung erkennt man diese Prozesse als Auftragsabwicklung im weiteren Sinne, als Produktentwicklung und tatsächlich als Informations- und Koordinationsprozesse wieder. Unter übergreifenden Informations- und Koordinationsprozessen versteht man vor allem Informationsmanagement, Controlling, Finanzbuchführung, Kosten- und Leistungsrechnung.

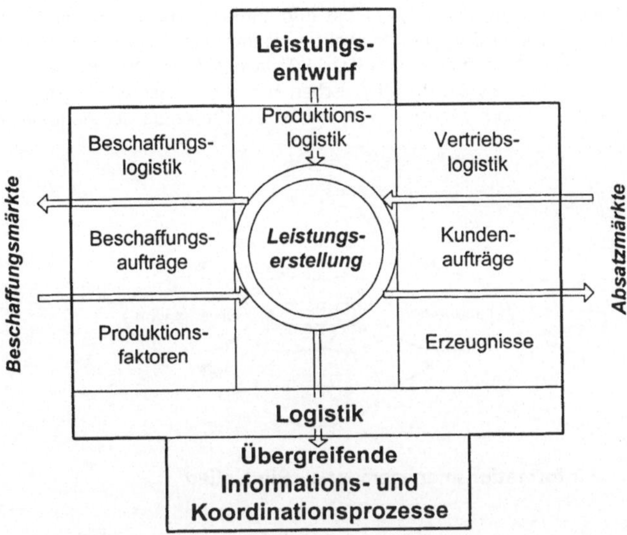

Bild 4-3   **Unternehmens- bzw. Geschäftsprozesse nach ARIS**

Der Begriff des Informationsmanagement soll an dieser Stelle einmal näher betrachtet werden, da er ein zentraler Faktor bei der Gestaltung und Überwachung von Geschäftsprozessen ist.

Nach dem Ansatz von Wollnik sind die Aufgaben des Informationsmanagement /Sch95a S.690/, /Wol88 S.39/:

- Management der Informationsinfrastruktur,

- Management der Anwendungssysteme und

- Management des Informationseinsatzes und der Informationsverwendung.

Das Management der Informationsinfrastruktur umfaßt sowohl die strategische Planung der Infrastruktur als auch den Infrastrukturbetrieb.

Das Management der Anwendungssysteme ist der Überbegriff für die Architektur von Anwendungssoftware, für das Vorgehensmodell bei der Anwendungsentwicklung, für die Betreuung von Standardsoftware und eigenentwickelten Systemen, für die Entwicklung und Einführung von Anwendungssystemen, für das Schnittstellenmanagement und für das Anwendungssystemcontrolling.

Die Aufgaben des Management beim Informationseinsatz und bei der Informationsverwendung sind das Erkennen strategischer Potentiale bei der Nutzung von Informationssystemen, die Analyse des Informationsbedarfs, das Durchführen von Benutzerschulungen, das Weiterentwickeln der Organisation und das Controlling während des Betriebs.

Eine andere, ähnliche Sichtweise versteht das Informationsmanagement als "Summe der Regeln, Techniken, Systeme und Aggregate, welche die Informations- und Kommunikationsstruktur eines Unternehmens bestimmen" /HGH90 S.30/. Wie Bild 4-4 zeigt, ist das Informationsmanagement darüber hinaus als Bindeglied zwischen Führung, Organisation, Strategie und Technologie zu sehen, d.h. Informationsmanagement ist ein Werkzeug der Planungsprozesse eines Unternehmens.

Bild 4-4 **Informationsmanagement als Bindeglied**

Zusammenfassung

Die verschiedenen Ansätze zur Identifikation von Geschäftsprozessen zeigen, daß es durchaus möglich ist, zumindest in einem gewissen Rahmen Referenzmodelle für Geschäftsprozesse zu erstellen. Jedoch dürfen dabei die folgenden zwei Aspekte nicht außer acht gelassen werden.

- Wie schon erwähnt, besteht ein Geschäftsprozeß immer aus vielen Einzelprozessen oder auch Prozeßketten. Oftmals ist ein Geschäftsprozeß ein sehr komplexes Netzwerk von logischen und zeitlichen Abhängigkeiten. Die Identifikation und Modellierung eines solchen Prozeßnetzes muß methodisch und mit viel Sorgfalt angegangen werden.

- Funktionsfähige Prozesse und sinnvolle Prozeßketten alleine sind noch lange keine Garantie für ein gut funktionierendes Unternehmen; aus einem Prozeßmodell muß ein Organisationsmodell wachsen /DoLa95 S.50/. Das Unternehmen unterzieht sich einem Prozeß, genauer einem dynamischen Prozeß. Sich ändernden Geschäftsprozessen müssen sich ändernde Organisationsstrukturen gegenüber stehen. Dies gilt sowohl im ersten Schritt, dem Ausrichten nach Geschäftsprozessen in einem Unternehmen (Prozeßorientierung), als auch in allen folgenden Veränderungen innerhalb eines Unternehmens oder innerhalb eines Marktes.

Basierend auf den hier vorgestellten und diskutierten Modellen soll im Rahmen dieser Arbeit ein geeignetes Referenzmodell aufgebaut werden. Aus dem Referenzmodell wird dann wiederum der Teilbereich Auftragsabwicklung herausgegriffen. Anhand dieses Beispiels wird dann die Prozeßoptimierung durchgeführt.

4.1.3 Beziehungsermittlung

Im Rahmen der Beziehungsermittlung werden die Abhängigkeiten zwischen den Teilprozessen und Einzelaufgaben betrachtet. Formal ist ein Prozeß eine Folge von Vorgängen, wobei ein Vorgang durch ein oder mehrere Ereignisse gestartet wird und in einem oder mehreren Ereignissen endet. Diese Einzelaktivitäten stehen in einem logischen Zusammenhang und sind inhaltlich geschlossen /GIPP96/. Aufbauend auf den bestehenden Ansätzen der Graphentheorie und der Netzplantechnik soll in dieser Arbeit ein Lösungsansatz erarbeitet werden, mit dessen Hilfe eine Geschäftsprozeßoptimierung durchgeführt werden kann.

4.1.3.1 Graphentheorie

Die Graphentheorie darf als Grundlage aller folgenden Ansätze zur graphischen Darstellung von logischen und / oder zeitlichen Abhängigkeiten angesehen werden. Deshalb werden zunächst einige erforderliche Definitionen eingeführt.

Definitionen der Graphentheorie

Ein **Graph** $G = (V(G), E(G))$ besteht aus zwei endlichen Mengen:

$V(G)$, der **Knotenmenge** des Graphen, oft nur mit V bezeichnet, die eine nichtleere Menge von Elementen ist, die **Knoten** genannt werden, und

$E(G)$, der **Kantenmenge** des Graphen, häufig nur mit E bezeichnet, die eine möglicherweise leere Menge von Elementen ist, die **Kanten** genannt werden,

so daß jede Kante e in G einem ungeordneten Paar von Knoten (u, v) zugeordnet ist, die als **Endknoten** bezeichnet werden.

Bild 4-5   **Definition der Graphentheorie**

Zur Definition der Graphentheorie[27] werden die Arbeiten von Clark und Holton /ClaHo94/, Bodendiek und Lang /BodLa95a/, /BodLa95b/ herangezogen. Die Definitionen für einen Graph, Knoten und Kanten sind in Bild 4-5 dargestellt.

Die graphische Darstellung dieser Notation ist in Bild 4-6 dargestellt.

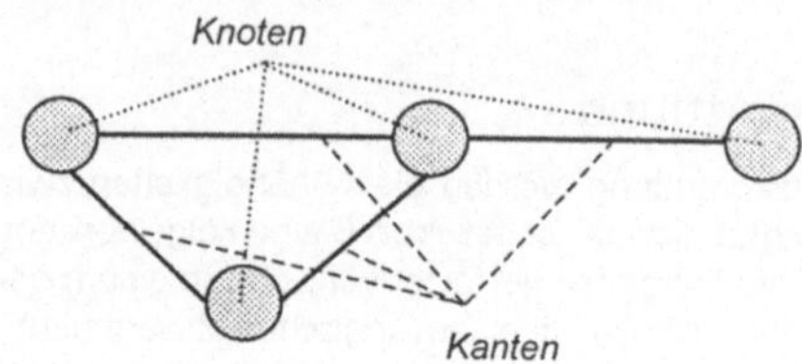

Bild 4-6   **Graphische Notation eines Graphen**

Wenn eine Kante e mit den Endkonten u und v verbunden ist, dann sagt man, daß e u und v miteinander verbindet. Es sei G ein Graph. Wenn zwei oder mehrere Kanten von G dieselben Endknoten besitzen, so werden diese Kanten **parallel** genannt. Eine Kante, die einen Knoten mit sich selbst verbindet, wird als **Schlinge** bezeichnet.

Zwei Knoten, die durch eine Kante verbunden sind, werden als **adjazent** oder **benachbart** bezeichnet. Eine Kante e eines Graphen G heißt mit einem Knoten v **inzident**, wenn v ein Endknoten von e ist. In diesem Fall spricht man davon, daß v mit e **inzident** ist. Zwei Kanten e und f, die mit einem gemeinsamen Knoten v inzidieren, heißen **adjazent**.

Ein **Digraph**[28] D = (V(G), A(G)) besteht aus zwei endlichen Mengen, der **Knotenmenge** V - einer nichtleeren Menge von Elementen, die als **Knoten** von D bezeichnet werden - und der Bogenmenge A - einer (möglicherweise leeren) Menge von Elementen, die als **Bögen (gerichtete Kanten)** von D bezeichnet werden, so daß jedem Bogen a in A ein geordnetes Knotenpaar (u, v) zugeordnet ist. In Bild 4-7 ist ein Digraph mit seinen Knoten und Bögen dargestellt.

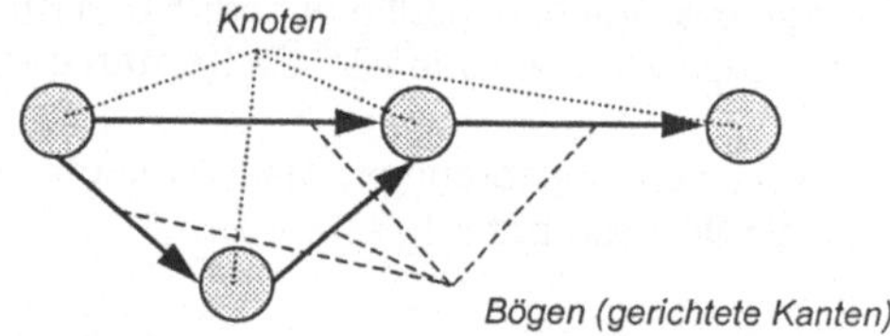

Bild 4-7   **Digraph mit seinen Knoten und Bögen**

---

[27] Vergleich hierzu auch Neumann und Morlock /NeMo93/ Kapitel 2 "Graphen und Netzwerke".

[28] Digraph (Directed Graph) = gerichteter Graph

Wenn a ein Bogen in dem gerichteten Graphen D ist, zu dem das geordnete Knotenpaar *(u, v)* gehört, dann sagt man , daß *a u* mit *v* verbindet. Dabei wird *u* als **Anfangsknoten** von *a* und *v* als **Endknoten** von *a* bezeichnet.

Es sei D ein Digraph. Dann ist eine **gerichtete Kantenfolge** in D eine endliche Folge

$$W = v_0 a_1 v_1 \ldots a_k v_k ,$$

deren Glieder abwechselnd Knoten und Bögen sind, so daß für $i = 1, 2, \ldots, k$ der Bogen a_i den Anfangsknoten v_{i-1} und den Endknoten v_i hat. Ein Knoten v eines Digraphen ist von einem Knoten u aus erreichbar, wenn er einen gerichteten Weg in D von u nach v gibt.

Darstellung von Graphen

Um mit Graphen über die graphische Darstellung hinaus arbeiten zu können, benötigt man andere nicht-graphische Darstellungsformen. Diese müssen jedoch exakt dieselbe Information wie das graphische Bild enthalten. Dafür gibt es grundsätzlich vier Möglichkeiten: Kantenlisten, Inzidenzlisten[29], Adjazenzlisten[30] und Adjazenzmatrizen /Jun87, S. 37ff/, /ScSt89, S. 81 ff/. Im folgenden werden diese vier grundsätzlichen Darstellungsformen anhand des Beispielgraphs von Bild 4-8 kurz vorgestellt.

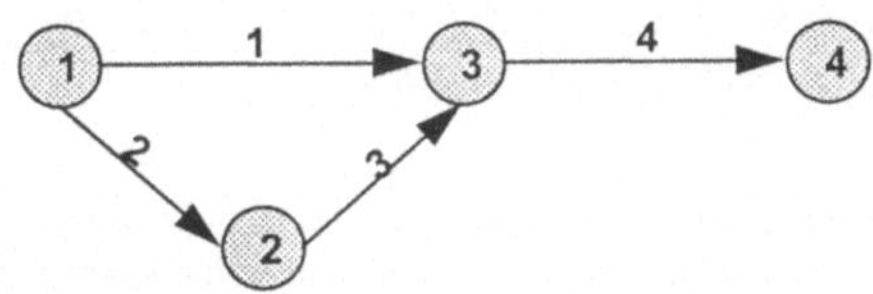

Bild 4-8   **Beispielgraph**

Kantenlisten:
Ein Digraph D mit n Knoten wird spezifiziert durch:

> (a) die Angabe von n.
> (b) die Angabe der Liste seiner Kanten, etwa als Folge geordneter Paare (u_i, v_i).

Die Reihenfolge der Kanten ist dabei nicht festgelegt. Für den Beispielgraph ergibt sich hieraus die folgende Kantenliste:

> (a) $n=4$
> (b)   13, 12 , 23, 34

Inzidenzlisten:
Ein Digraph *D* mit *n* Knoten wird spezifiziert durch:

    (a)   die Angabe von *n*.
    (b)   die Angabe von *n* Listen A_1, ..., A_n, wobei A_i die Kanten mit Anfangsknoten *i* enthält.

Für den Beispielgraph ergibt sich hieraus die folgende Inzidenzliste:

    (a)   *n=4*
    (b) A_1: 1, 2; A_2: 3; A_3: 4; A_4: -

Adjazenzlisten:
Ein Digraph D mit n Knoten wird spezifiziert durch:

    (a)   die Angabe von *n*.
    (b)   die Angabe von *n* Listen A_1, ..., A_n, wobei A_i die Knoten *j* enthält, welche Endknoten der Bögen von Anfangsknoten *i* sind.

Für den Beispielgraph ergibt sich hieraus die folgende Adjazenzliste:

    (a)   *n=4*
    (b) A_1: 2, 3; A_2: 3; A_3: 4; A_4: -

Adjazenzmatrizen:
Ein Digraph *D* mit *n* Knoten wird durch eine *(nxn)*-Matrix $A(a_{ij})$ mit Einträgen 0 und 1 spezifiziert: der Anfangsknoten i ist genau dann mit einem Endknoten j verbunden, wenn $a_{ij}=1$.

Für den Beispielgraph ergibt sich hieraus die folgende Adjazenzmatrix A_{Matrix}:

$$A_{Matrix} = \begin{bmatrix} 0 & 1 & 1 & 0 \\ 0 & 0 & 1 & 0 \\ 0 & 0 & 0 & 1 \\ 0 & 0 & 0 & 0 \end{bmatrix}$$

In dieser Arbeit erfolgt im weiteren die Verwendung der Adjazenzmatrix. Die Gründe sind die Übersichtlichkeit der Darstellung und die Möglichkeit der Bewertung von Übergängen. Diese Bewertung von Übergängen wird im noch folgenden Kapitel 6.2.2.2 beschrieben.

4.1.3.2 Netzplantechnik

Netzplantechnik ist nach DIN 69900 ein Verfahren zur Analyse, Beschreibung, Planung, Steuerung und Überwachung von Abläufen auf der Grundlage der Graphentheorie, wobei Zeit, Kosten, Einsatzmittel und weitere Einflußgrößen berücksichtigt werden können /BuWa96, S 74/. Im Rahmen der Netzplantechnik werden die im folgenden erklärten Begriffe verwendet.

Ein Vorgang ist ein zeiterforderndes Geschehen mit definiertem Anfang und Ende. Er ist im allgemeinen dadurch gekennzeichnet, daß seine Durchführung eine Bereitstellung von Einsatzmitteln erfordert und damit Kosten verursacht.

Ein Ereignis ist das Eintreten eines definierten Zustandes im Ablauf eines Projektes. Ein Ereignis verbraucht weder Zeit noch Mittel. Jeder Vorgang beginnt und endet mit einem Ereignis.

Ein Vorgänger ist ein Vorgang, der anfangen oder enden muß, bevor ein anderer Vorgang anfangen oder enden kann. Daraus resultieren Vorgangsbeziehungen. Vorgänge werden miteinander verknüpft, indem eine Beziehung zwischen ihren End- und Anfangsterminen definiert wird. Es gibt somit vier Arten von Vorgangsbeziehungen /Gro77, S. 25/:

Ende-Anfang (EA):	Ein Vorgang (B_V) kann anfangen, sobald sein Vorgänger (A_V) endet (Normalfolge).
Anfang-Anfang (AA):	Ein Vorgang (B_V) kann anfangen, sobald sein Vorgänger (A_V) anfängt (Anfangsfolge).
Ende-Ende (EE):	Ein Vorgang (B_V) kann enden, sobald sein Vorgänger (A_V) endet (Endfolge).
Anfang-Ende (AE):	Ein Vorgang (B_V) kann enden, sobald sein Vorgänger (A_V) anfängt (Sprungfolge).

Vorteile der Netzplantechnik gegenüber konventionellen Planungsmethoden:

- Netzplantechnik zwingt die Mitarbeiter zu logischem, systematischem Durchdenken und Planen des Projektablaufs vor Projektbeginn.

- Vorgänger/Nachfolger - Beziehungen werden festgelegt, dadurch sind Verknüpfungen offensichtlich.

- Termine, Kosten, Kapazitäten sind klar definiert, bzw. können errechnet werden und sind somit leicht zu überwachen.

- Durch übersichtliche und anschauliche Darstellungsarten können Teilprojekte und deren Abhängigkeiten gut erfaßt werden.

- Abweichungen lassen sich frühzeitig erkennen und sichtbar machen, d.h. man kann das Projekt aufgrund gewonnener Daten steuern /Dec91, S. 219/.

- Planung und Simulation sind möglich.

- Kritische Stellen sind sofort erkennbar /MOS95, S. 192/.

Grundsätzlicher Aufbau eines Netzplanes

Eine Netzplan besteht grundsätzlich aus zwei Stufen, der Strukturplanung und der Zeitplanung /Schanz94, S. 203ff/. Darüber hinaus können auch Kapazität und Kosten weiter bearbeitet werden /Dec91, S. 223-228/.

In der Strukturplanung identifiziert man als erstes die erforderlichen Vorgänge bzw. Ereignisse. Im zweiten Schritt werden die Vorgänger/Nachfolger - Beziehungen festgelegt, welche dann im weiteren als Grundlage aller Berechnungen und Verknüpfungen dienen. Abschließend erstellt man anhand dieser Informationen den Netzplan.

Zweck der Zeitplanung ist es, dem ermittelten Netzplan Termine zuzuordnen bzw. mit Hilfe des Netzplans Termine zu berechnen. Dazu braucht man als weitere Information die jeweilige Dauer eines Vorgangs. Nun kann man als Anfangs- und Endzeitpunkte früheste, besser frühestmögliche Zeitpunkte und späteste, bzw. spätestmögliche Zeitpunkte bestimmen. Ferner ist es möglich, hieraus sogenannte Pufferzeiten (Zeitreserven) zu ermitteln. Die Gesamtpufferzeit ist nichts anderes als die Differenz zwischen dem spätesten und frühesten Endzeitpunkt. Mit diesen Daten legt man letztendlich den kritischen Pfad fest. Dieser ist eine ununterbrochene Kette von kritischen Vorgängen bis hin zum Ende des Projekts. Kritische Vorgänge besitzen keine Zeitreserve, ihre Pufferzeit ist gleich Null.

Es ist in der Regel sinnvoll, zuerst Teilnetzpläne zu erstellen, um eine gewisse Übersicht zu bewahren. Diese Teilpläne werden schließlich zu einem Gesamtnetzplan zusammengefügt. Eine Aufteilung in solche Teilpläne kann rein formell ebenso ein Netzplan sein, nur eben auf einer höheren Ebene. Die gesamte Planung eines Projektes ist mit Hilfe der Struktur- und Zeitplanung durchführbar. Kapazitäten und Kosten lassen sich durch weitere Arbeitsschritte ebenfalls in diese Planung mit einbeziehen.

Neben der Ermittlung von Terminen der Vorgänge ist die Optimierung des Netzplans der zweite wesentliche Abschnitt der Netzplanerstellung. Parallele Bearbeitung, Überlappung von Vorgängen oder aber Einsatz zusätzlicher Arbeitskräfte, Zukauf statt Eigenkonstruktion, bzw. Fremdbearbeitung geben Spielraum, den Netzplan optimal unter bestimmten Gesichtspunkten zu gestalten /BuWa96, S. 75/.

Darstellungsformen der Netzplantechnik

CPM (Critical Path Method)

CPM ist eine sogenannte Vorgangspfeildarstellung, d.h. die einzelnen Vorgänge des Projektes werden als Pfeile dargestellt, die Zustände bzw. Ereignisse als Knoten /DaGe78, S. 191-203/, /Göt72, S. 125-158/, /Dec91, S. 221/. Die Darstellung eines Ereignisknotens und eines Vorgangspfeils ist in Bild 4-9 zu erkennen.

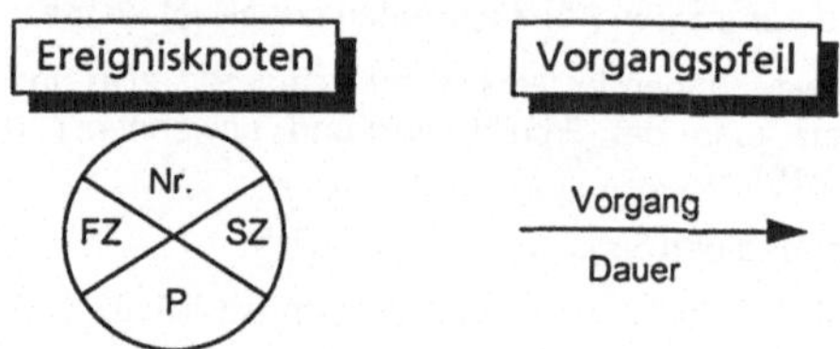

Bild 4-9   **CPM: Ereignisknoten und Vorgangspfeil**

Der Ereignisknoten wird im folgenden noch ausführlicher beschrieben. Ein Pfeil von Zustand A nach Zustand B bedeutet also, daß der entsprechende Vorgang erst begonnen werden kann, wenn Zustand A erreicht ist, und daß Zustand B nicht erreicht werden kann, solange der entsprechende Vorgang noch nicht abgeschlossen ist. Beim Aufstellen des Netzplans sind noch einige Regeln zu beachten.

- Zwei Vorgänge dürfen nicht dasselbe Anfangs- und Endereignis besitzen. Zur eindeutigen Kennzeichnung müssen bei Bedarf Scheinvorgänge eingeführt werden. Diese werden durch gestrichelte Pfeile gekennzeichnet.

- Der Netzplan darf keine Zyklen enthalten. Das Auftreten eines Zyklus würde bedeuten, daß die Beendigung aller, den Pfeilen des Zyklus entsprechenden Vorgänge dem Beginn dieser Vorgänge voranginge.

Ziel der Zeitplanung ist die Bestimmung des Projektendtermins, der Vorgangsanfangs- und Vorgangsendtermine, der Pufferzeiten und des zeitlängsten Weges. Zur Durchführung der Zeitplanung muß zuerst für jeden Vorgang die Dauer geschätzt werden, falls diese nicht bekannt ist. Die Zeiteinheit in der die Vorgangsdauern angegeben werden, sollte 0,1% bis 2,0% der vermuteten Projektdauer betragen. Bei einer Projektdauer von einem halben Jahr sollten die Vorgangsdauern also in Arbeitstagen angegeben werden. Nachdem für jeden Vorgang die (geschätzte) Dauer bekannt ist, kann mit der Vorwärtsrechnung begonnen werden. Es wird für jedes Ereignis die frühestmögliche Ereigniszeit FZ berechnet. Danach wird in der Rückwärtsrechnung für jeden Knoten die späteste Ereigniszeit SZ ermittelt. In jeden Knoten wird die entsprechende FZ und SZ eingetragen.

Nun bestimmt man für jeden Vorgang die frühestmögliche Anfangszeit FAZ, die spätest-erlaubte Anfangszeit SAZ, die frühestmögliche Endzeit FEZ und die spätest-erlaubte Endzeit SEZ. Schließlich können pro Vorgang noch zwei Pufferzeiten bestimmt werden. Die gesamte Pufferzeit GP gibt an, um wieviel Zeiteinheiten die Vorgangsdauer verlängert werden kann, ohne daß sich der Termin SZ und damit auch die Projektdauer ändert. Die Nachfolger des Vorgangs können also gerade noch zur spätest-erlaubten Zeit SZ beginnen. Die freie Pufferzeit FP gibt an, um wieviel Zeiteinheiten die Vorgangsdauer verlängert werden kann, ohne daß der frühestmögliche Beginn der Nachfolger beeinträchtigt wird. Diese können also zum Zeitpunkt FZ beginnen. Vorgänge mit Gesamtpuffer Null heißen kritisch. Jede ununterbrochene Folge von kritischen Vorgängen vom Projektanfang bis zum Projektende heißt kritischer Pfad. Jede Verzögerung eines Vorgangs auf dem kritischen Pfad bedeutet eine Verzögerung der Projektdauer in gleichem Maß.

PERT (Program Evaluation and Review Technique)

Bei PERT handelt es sich um eine Ereignisknotendarstellung /DaGe78, S. 203ff/, /Göt72, S. 107-124/, /Dec91, S. 221f/, d.h. es gibt nur Ereignisse, keine Vorgänge. In den Knoten sind alle, das Ereignis betreffenden Informationen enthalten, wie z.B. Ereignisname, frühester und spätester Zeitpunkt des Ereigniseintritts, usw.. Die Pfeile legen die Vorgänger bzw. Nachfolger-Beziehung und den Zeitabstand zwischen den aufeinander folgenden Ereignissen fest.

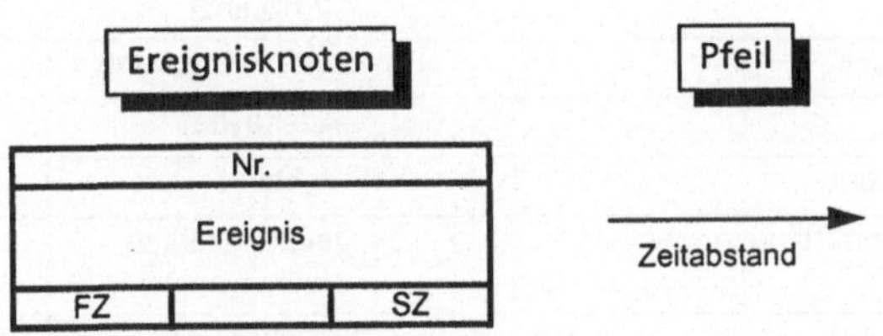

Bild 4-10   **PERT: Ereignisknoten und Pfeil**

MPM (Metra-Potential-Method)

Im Gegensatz zur Critical Path Method ist MPM eine sogenannte Vorgangsknotendarstellung, d.h. die Knoten repräsentieren einzelne Vorgänge, die Pfeile zeigen die Abhängigkeiten der Knoten untereinander auf /Göt72, S. 158-176/, /Dec91, S. 222ff/, /Gro77, S.34ff/. Das führt zu einer übersichtlicheren Darstellung des Netzplanes, zumal sich vorgangsabhängige Daten (Dauer, Anfangs-, Endtermine, Pufferzeiten) erheblich besser in einem Knoten als an einem Pfeil unterbringen lassen. Des weiteren ist ein MPM-Diagramm einfacher modifizierbar. Außerdem wird die von CPM bekannte Fehleranfälligkeit durch Scheinvorgänge vermieden. Die Berechnung der Pufferzeiten und des kritischen Pfades erfolgt genauso wie bei der Critical Path Method.

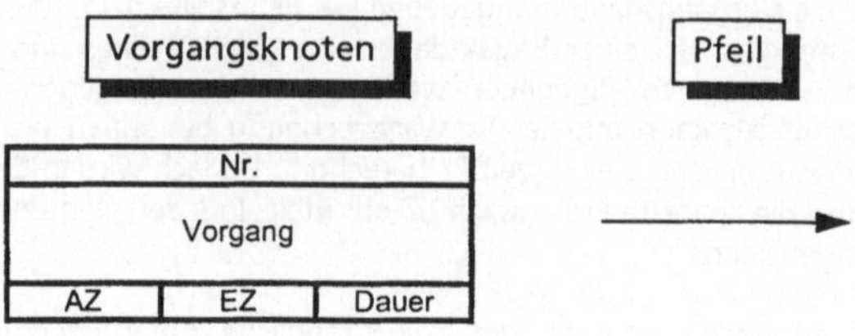

Bild 4-11   **MPM: Vorgangsknoten und Pfeil**

4.2 Prozeßbewertung

Die im Bereich des Business Process Reengineering üblicherweise verwendeten Verfahren beschränken sich in der Regel darauf, relevante Prozesse darzustellen, ohne diese evaluieren zu können /Dav93/, /Har91/. Die Bewertung muß meist intuitiv erfolgen. Bei diesen Verfahren steht das Erheben von Wirkungen und Daten im Vordergrund /Sch93a/. Ebenso dienen Werkzeuge, die zur Geschäftsprozeßoptimierung verfügbar sind, meist nur der Visualisierung der Abläufe; Bewertungskomponenten sind auch hier nicht oder nur in Ansätzen vorhanden.

Im folgenden werden die einzelnen Ansätze zur Bewertung und Optimierung von Prozessen beschrieben und verglichen. Die einzelnen Verfahren zur Prozeßbewertung sind in einer Übersicht, wie in Bild 4-12 dargestellt, zusammengefaßt. Anschließend werden die Verfahren kurz vorgestellt.

Bewertungsverfahren	Bewertung	Effekte
Time-Savings-Times-Salary-Verfahren (TSTS)	Resultierende Zeitersparnis (Effizienz)	intern
Hedonistisches Modell	Effektivitätssteigerung	intern
Real Option Ansatz	Adaptivität	intern
Marktreaktionsfunktion	Markt	extern
Bewertung von Geschäftsprozessen nach Hanewinckel	Prozeßkennzahlen	intern
Prozeßkostenrechnung	Prozeßkosten	intern
Investitionsrechnung	Ein- und Auszahlungsströme	intern

Bild 4-12   **Bewertungsverfahren im Überblick**

Times-Savings-Times-Salary-Verfahren (TSTS)

Das Times-Savings-Times-Salary-Verfahren (TSTS) nach Sassone /Sas87/ berücksichtigt zwar die aus der Einführung eines Informationssystems oder der Optimierung der Geschäftsprozesse resultierende Zeitersparnis, d.h. die Steigerung der Effizienz, trifft jedoch sehr restriktive und der

Intuition zuwiderlaufende Annahmen bezüglich der dadurch entstehenden Verschiebungen in den Arbeitsprofilen der betroffenen Mitarbeitern.

Hedonistisches Modell

Das hedonistische Modell /VoB1996, S. 177ff/ stammt ebenfalls von Sassone /Sas87/ und geht davon aus, daß jede in einem Unternehmen anfallende Tätigkeit einer Kategorie, für die sie typisch ist, zugeordnet werden kann. Kopieren kann beispielsweise der Kategorie typische Hilfstätigkeit zugeteilt werden. Weitere Tätigkeiten wären z.B. Sachbearbeiter- oder Leitungstätigkeiten. Die einzelnen Klassen sind natürlich für ein Unternehmen von unterschiedlichem Wert, Führungstätigkeiten sind hierbei wertvoller als Hilfsdienste.

Weiter werden auch die einzelnen Mitarbeiter einer Klasse zugeteilt, die von ihrem Aufgabenbereich abhängt und durch ein für sie typisches Arbeitsprofil und Gehaltsniveau bestimmt ist, wie z.B. Abteilungsleiter, Sachbearbeiter und Hilfskräfte. Das Arbeitsprofil einer Mitarbeiterklasse gibt an, welcher Prozentsatz der zur Verfügung stehenden Arbeitszeit für die verschiedenen Arten von Tätigkeit aufgewendet wird. Beispielsweise wird der Leiter einer Abteilung nicht nur typische Leitertätigkeiten, sondern auch Sachbearbeiter- und Hilfsdienste verrichten.

Durch Änderungen im Prozeßablauf wird nun versucht, niederwertige Arbeiten durch höherwertige zu ersetzen, weil dadurch der Wert der von einem Mitarbeiter verrichteten Arbeit für das Unternehmen steigt, das Gehalt jedoch gleichbleibt. So könnte beispielsweise durch den Einsatz eines neuen EDV-Systems die Zeit für Hilfsdienste verringert werden, und einem Sachbearbeiter bliebe dadurch mehr Zeit für seine eigentlichen, anspruchsvollen Arbeiten.

Nachdem die bestehenden Tätigkeitsprofile und Kosten der einzelnen Tätigkeiten ermittelt worden sind, müssen die neuen Tätigkeitsprofile erstellt werden. Die Differenz der Werte der beiden Tätigkeitsprofile ist der Nutzen, den das Unternehmen aus der neuen Technologie zieht.

Durch das Formulieren und Auswerten einer Zielfunktion[31] ist es auch möglich, Optimierungsalgorithmen, wie in diesem Fall das Simulated Annealing, aber auch andere einzusetzen und so aus einem gegebenen Entscheidungsraum die optimale Lösung zu ermitteln.

---

[31] Die zu maximierende Zielfunktion lautet:
$$\Pi = V_{AP} - C_{LDP} - NPK \rightarrow max,$$
wobei V_{AP} den hedonistischen Wert eines Arbeitsprofils und C_{LDP} die laufenden, direkten prozeßbezogenen Kosten angibt. NPK sind nicht dem Prozeß direkt zurechenbare Kosten, wie etwa Einführungskosten oder (sprung-)fixe Kosten. Π bezeichnet den zu maximierenden Zielfunktionswert.

Modelliert man auch externe Effekte von Prozeßveränderungen, dann ergibt sich das folgende erweiterte Modell
$$\Pi = V_{AP} - C_{LDP} - NPK + X \rightarrow max,$$
wobei sich die externen Effekte X durch Multiplikation des Deckungsbeitrags D_{DB} mit der Absatzmenge AM bei gegebener Prozeßkonstellation ergeben:
$$X = AM * D_{DB}$$
Der Zusammenhang zwischen der Absatzmenge und den Variablen wird durch die Marktreaktionsfunktion festgelegt:
$$AM = f(Produktivität, Prozeßqualität, Preis, Konkurrenzvariable, etc.),$$
wobei f(...) den funktionalen Zusammenhang repräsentiert. Ein entscheidender Faktor der Prozeßqualität ist beispielsweise die Antwortzeit (Ergebnis der Simulation). Die Deckungsbeiträge hängen natürlich wiederum von den erzielbaren Preisen ab.

In den Optimierungsschritten wird entweder ein alternativer (Teil-)Prozeß in den Geschäftsprozeß eingefügt oder eine Ressource innerhalb der gegebenen Grenzen variiert. Nun werden mittels einer Simulation die neuen Tätigkeitsprofile und daraus der neue Wert der Zielfunktion ermittelt. Bild 4-13 zeigt den genauen Ablauf der Optimierung.

Optimierungsablauf	
Initialisierung	• Modelliere den Ist-Prozeß • Bestimme das Arbeitsprofil und die hedonistischen Werte • Modelliere den Soll-Prozeß • Werte die Zielfunktion aus
Optimierung	• Variiere den Prozeß • Bestimme die neuen Arbeitsprofile und die Effizienzsteigerung • Werte die Zielfunktion aus
Terminierung	• Überprüfe die Abbruchbedingung • Nächster Optimierungsschritt oder Abbruch

Bild 4-13   Optimierungsschritte

Das vorgestellte Verfahren berücksichtigt den Nutzen von Effizienz- und Effektivitätssteigerungen, wodurch die positiven Effekte von Informationstechnologie auf den Prozeßablauf transparenter bewertet und nicht nur auf sofort realisierbare Kostenpotentiale reduziert werden. Die Entscheidungsgrundlage kann durch den Einsatz eines Bewertungsverfahrens für Geschäftsprozesse verbessert und objektiviert werden.

Real Option Ansatz

Zur Bewertung der Adaptivität als Ziel bieten sich die Real Options-Ansätze an /Tri93/.

Marktreaktionsfunktion

Neben internen Effekten wirken sich Umgestaltungen von Prozessen auch nach außen, beispielsweise durch verkürzte Wartezeiten und andere Produktqualitätsverbesserungen aus. Während interne Effekte durch Anwendung des hedonistischen Modells bzw. Kostenänderungen monetär bewertet werden können, müssen externe Effekte mit Hilfe von Marktreaktionsfunktionen /LKM92/ gemessen werden.

Beispielsweise führt eine verkürzte Entwicklungszeit zu einer verändernden Konkurrenzsituation (z.B. durch Entstehung vorübergehender/verlängerter Monopolsituation). Geänderte Koeffizienten der Marktreaktionsfunktionen führen zu unterschiedlichen optimalen Marktstrategien und damit zu geänderten Gewinnsituationen.

Bewertung von Geschäftsprozessen nach Hanewinckel

Bei der Bewertung der Geschäftsprozesse nach Hanewinckel /Han94/ wird von objektbezogenen Informationen und prozeßbezogenen Informationen ausgegangen. Informationsobjekte werden von Geschäftsprozessen bearbeitet. Diese stehen in Beziehung zu körperlichen Objekten, wie Produkten, Baugruppen oder einzelnen Werkstücken, die mit körperlichen Prozessen bearbeitet werden. In sehr vielen Fällen sind Informationsobjekte hierarchisch strukturiert. Beispiele für strukturierte Informationsobjekte sind Arbeitspläne, die aus mindestens zwei Hierarchieebenen - Arbeitsplan und Arbeitsgängen - bestehen, oder auch Aufträge und Stücklisten.

Bei der Ergebnisdarstellung wird zwischen einer statischen und einer dynamischen Auswertung unterschieden. Die statische Auswertung dient im wesentlichen zwei Zielen. Zum einen sollen Kennzahlen über den Prozeß erhoben werden, zum anderen kann das Modell des Prozesses evaluiert und getestet werden. Bei der statischen Auswertung wird der Weg einzelner Objekte durch den Geschäftsprozeß durchgespielt. Für jeden einzelnen Weg können unterschiedliche Daten bzw. Kennzahlen ermittelt werden. Sie lassen sich in drei Bereiche gliedern:

- allgemeine Informationen[32] über den Geschäftsprozeß,
- zeitbezogene Informationen[33],
- kostenbezogene Informationen[34].

Aus den Ergebnissen der Auswertungen für die unterschiedlichen Wege durch einen Prozeß werden dann die Ergebnisse für den Gesamtprozeß abgeleitet.

Die dynamische Auswertung bzw. der Einsatz der Simulation dient im wesentlichen der Betrachtung des Verhaltens eines Prozesses als Gesamtsystem. Durch die Vorgabe von unterschiedlichen Objektspektren kann die Reaktion eines Prozesses auf Änderungen im Spektrum ermittelt werden. Ebenso können Auswirkungen der Veränderung bestehender Prozesse oder das Verhalten neu zu gestaltender Prozesse vor der Einführung im Unternehmen überprüft und gegebenenfalls angepaßt werden.

Aus den objektbezogenen Ergebnissen der Simulation können für jedes Objekt bzw. jeden Weg durch einen Prozeß die aus der statischen Auswertung bekannten Kennzahlen für Zeiten und Kosten ermittelt werden. Durch die Betrachtung verschiedener Objekte in der Simulation können diese dann in statistische Größen, wie Mittelwert, Streuung, Minimum, Maximum etc. überführt werden, die die Aussagekraft der Kennzahlen verstärken.

---

[32] Unter allgemeinen Kennzahlen sind zu verstehen:
- Die Anzahl der Teilprozesse
- Die Wahrscheinlichkeit eines Weges
- Die Kostenstellen
- Der Anteil der systemunterstützten Prozesse

[33] Unter zeitbezogenen Kennzahlen sind zu verstehen:
- Die Ausführungszeit
- Die Durchführungszeit
- Die Liegezeiten
- Die Durchlaufzeit

[34] Unter kostenbezogenen Kennzahlen sind zu verstehen:
- Die Personalkosten
- Die Ressourcenverbräuche
- Die leistungsmengenneutralen Kosten
- Die Gesamtkosten eines Prozesses

Prozeßkostenrechnung

Prozeßkostenrechnung ist eine Methode, mit der die Kosten der indirekten Bereiche besser geplant und auf das Produkt verrechnet werden können. Die indirekten Leistungen werden durch die Prozeßkostensätze bewertet und mittels "cost drivers" auf die Kalkulationsobjekte direkt verrechnet. In den indirekten Leistungsbereichen wird eine systematische Aufschlüsselung des Gemeinkostenblocks vorgenommen und ein Teil in Prozeßeinzelkosten (Verrechnungssätze je Prozeßmenge) umgewandelt. Durch den erhöhten Ausweis an Einzelkosten werden die Gemeinkosten auf die Kalkulationsobjekte verteilt. Horváth und Renner schreiben dazu, daß das "Giesskannenprinzip" der undifferenzierten Kostenumlage bei der Zuschlagskalkulation ersetzt wird durch eine verursachungsgerechte Kostenzuordnung /Ho94/, /HoMa89/, /HoRe90/, /Sch92b/.

Investitionsrechnung

Investitionsrechnungen haben die Aufgabe, Planung, Steuerung und Kontrolle von Investitionen mit Informationen zu versorgen. Die Rechenverfahren lassen sich in statische (Kostenvergleichs-, Gewinnvergleichs-, Rentabilitäts- und Amortisationsrechnung) sowie in dynamische Modelle (Kapitalwertrechnung, Methode des internen Zinsfußes, Annuitätsrechnung) unterteilen. All diesen Verfahren liegt die Betrachtung von Ein- und Auszahlungsströmen zugrunde. Die Verfahren beurteilen Projekte lediglich in bezug auf eine monetäre Zielsetzung (z.B. Rentabilität), wobei davon ausgegangen wird, daß die benötigten Daten verfügbar sind /Ho94, S. 485 ff/.

Zusammenfassung

Die hier beschriebenen und betrachteten Methoden beschränken sich im wesentlichen auf eine Bewertung der Prozesse. Die Bewertung erfolgt nach spezifischen Kriterien. Eine an die Bewertung sich anschließende Optimierung der Prozesse erfolgt außer beim Hedonistischen Modell nicht. Hier erfolgt jedoch hauptsächlich eine Optimierung der Tätigkeitsprofile beim Einsatz einer neuen Technologie. Der Ansatz der Prozeßbewertung nach Hanewinckel ist der einzige Ansatz, der eine zeitdynamische Bewertung mehrerer Bewertungskriterien durchführt.

Die Forderung nach einer ganzheitlichen Optimierung der Prozeßkette unter Berücksichtigung verschiedener Bewertungsfunktionen ist jedoch in keinem der Ansätze erfüllt. Die statische Bewertung der Prozesse auf eine zeitdynamische Betrachtung auszudehnen und mit einer Optimierung zu verknüpfen, stellt sicherlich auch einen interessanten Ansatz dar, der aber nicht Bestandteil dieser Arbeit ist. Mit der zeitdynamischen Betrachtung wird im Rahmen dieser Arbeit lediglich die Validierung des bereits optimierten Ablaufs durchgeführt.

4.3 Prozeßoptimierung

Das grundsätzliche Ziel des "constraint processing" ist das Lösen von "constraint satisfaction problems" (csp). Zum weiteren Verständnis wird zunächst der Begriff "constraint" näher betrachtet. Ein "constraint" stellt eine Integritätsbedingung dar. Im einfachsten Fall ist dies eine arithmetische Ungleichung, wie zum Beispiel $ax \leq b$ /EPS92, S. 18/, ein "constraint" kann aber auch eine logische Aussage sein, die erfüllt werden muß.

Ein "constraint satisfaction problem" besteht aus einer Reihe solcher "constraints" /MoRo95, S. 567/, die bei der Lösung der Aufgabenstellung erfüllt sein müssen. Dabei gibt es verschiedene Ansätze, wie in Bild 4-14 dargestellt, mit deren Hilfe diese Problemstellung bewältigt werden kann. Aus den in Bild 4-14 dargestellten Methoden werden in dieser Arbeit der genetische Algorithmus und die Graphentheorie näher betrachtet.

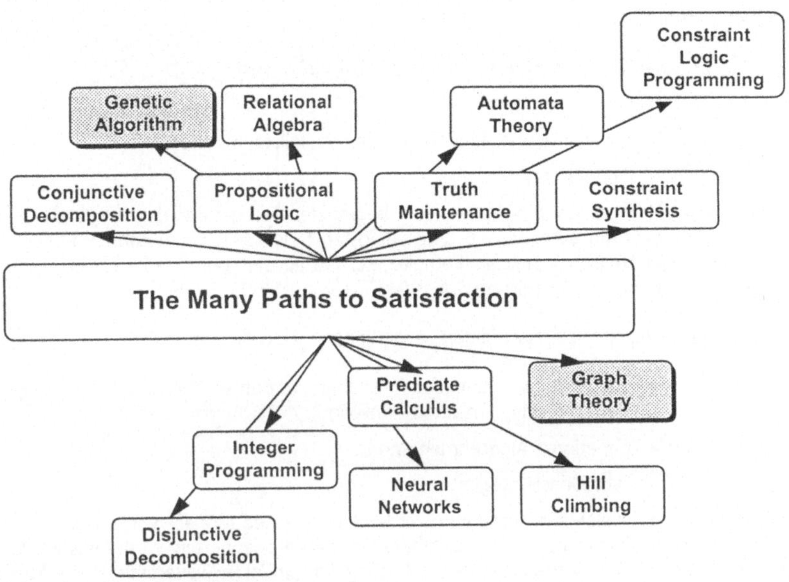

Bild 4-14   **Methoden des constraint processing /Mey95, S. 104/**

Zur Lösung von Optimierungsaufgaben sind in den letzten drei Jahrzehnten neue Ansätze entstanden, die sich an den Prinzipien der Evolution[35] orientieren. Die algorithmische Nachbildung auf dem Computer zeigte, daß selbst bei extremen Vereinfachungen des Evolutionsmodells leistungsfähige Optimierungsverfahren entstehen. Zur Zeit existieren verschiedene Schulen, Ausprägungen und Ansätze /Kin1994, S. 11/.

In der einfachsten Form, der Selektionsmethode, wird ein das System beschreibender Datensatz zufälligen Veränderungen, den Mutationen, ausgesetzt. Der jeweils bessere Datensatz wird selektiert. Bezeichnet man die Datensätze als Individuen, so kann man das kollektive Verhalten einer Menge von Individuen, der Population, betrachten. Methoden, die mit Populationen arbeiten, sind leistungsfähiger als die Selektionsmethode und werden den genetischen oder evolu-

---

[35] Bei der Übertragung der Abläufe der biologischen Evolution auf ein technisches System entspricht ein biologisches Individuum einem Lösungsvorschlag für die gegebene Aufgabenstellung. Eine Population entspricht der Menge der gleichzeitig existierenden Lösungsvorschläge, die parallel bewertet werden können. Die Abarbeitung eines Zyklus zur Erzeugung neuer Lösungsvorschläge wird entsprechend als Generation bezeichnet. Träger des biologischen Erbgutes und damit des Bauplans der verschiedenen Individuen sind die im Zellkern befindlichen, linearen DNS-Sequenzen mit einem vierwertigen Alphabet. Diese Sequenzen, Chromosomen genannt, werden im technischen Pendant durch Vektoren mit einem passenden Alphabet nachgebildet /Sch95c. S. 47-48/.

tionären Algorithmen zugeordnet. Bestehen die Daten der Individuen aus Berechnungsvorschriften statt aus Zahlen, befindet man sich im Bereich der genetischen Programmierung[36].

Zu den klassischen Optimierungsverfahren gehören die deterministischen Verfahren, die im folgenden aufgeführt sind:

- Extremwertberechnungen über Ableitungen
- Suchmethoden
- Gradientenmethode (Methode des steilsten Anstiegs)
- Simplexmethode

Die klassischen Verfahren lösen nur einen sehr begrenzten Teil der aus den Anwendungen resultierenden Optimierungsaufgaben. In den wenigsten Fällen sind die Fitneßfunktionen differenzierbar oder gar linear, oft sind sie komplex, so daß absolut kein Ansatz für eine algorithmisch-deterministische Lösung existiert /Kin1994, S. 16/, /NeMo93, S. 35/.

Die verschiedenen Ansätze zur Nachbildung evolutionärer Modelle sind:

- das Mutations-Selektions-Verfahren (darunter Threshold-Verfahren, Sintflut-Methode, Simulated Annealing),
- genetische Algorithmen und
- Evolutionsstrategien.

Bis auf das Mutations-Selektions-Verfahren werden die einzelnen Modelle vorgestellt und diskutiert. Die einfachste Form eines an evolutionären Prinzipien orientierten Verfahrens ist die von Ingo Rechenberg /Rec73/ vorgeschlagene und später von anderen weiterentwickelte Methode der Mutations-Selektionsstrategie (creeping random search method). Im wesentlichen handelt es sich um die zufällige Veränderung von Systemparametern und zwar solange, bis eine Ziel- oder Kostenfunktion ein Minimum oder Maximum annimmt.

Die genetische Programmierung stellt einen Wissensbereich dar, der sich mit der Frage befaßt, wie eine Berechnungsvorschrift bzw. ein Computerprogramm aussieht, das eine vorgegebene Aufgabe optimal zu lösen in der Lage ist. Auf die Codierung des in dieser Arbeit aufgestellten Lösungsalgorithmus wird beispielhaft im Anhang eingegangen.

---

[36] In allgemeiner Formulierung geht es also um die Lösung des folgenden Problems:
Gegeben sind endlich oder unendlich viele Zustände. Jeder einzelne Zustand ist durch reellwertige Parameter p_1, p_2, ...p_n definiert. Die Menge aller Zustände heißt Suchraum.

Jedem Zustand ist eine reelle Zahl, die Bewertung des Zustandes, zugeordnet. Die entstehende Funktion heißt Fitneß. Ist F(...) die Fitneß, S der Suchraum und R die Menge der reellen Zahlen, gilt:

$$F : S \Rightarrow R$$

Gesucht ist ein Zustand, für den die Fitneß den maximalen Wert annimmt. Die hier aufgeführten Zustände seien bereits so ausgewählt, daß sie die Nebenbedingungen - falls existent - erfüllen /Kin1994, S. 16/.

Genetische Algorithmen

Die Evolutionstheorie reduziert die Wirklichkeit auf ein Modell und es wäre falsch, Realität und Modell gleichzusetzen. Trotzdem erweist sich die Theorie als leistungsfähig in der Erklärung der Entstehung von Arten. Daher ist der Versuch, Evolution auf dem Computer zu simulieren, durchaus sinnvoll, um so theoretische Konstrukte evolutionsanalog entstehen zu lassen /Kin1994, S. 56/. Der Versuch liefert die genetischen Algorithmen, wie sie in den nächsten Abschnitten beschrieben werden.

Die Basis eines genetischen Algorithmus bildet eine Population mit einer Menge von Individuen. Die Individuen einer Population werden durch genetische Operationen verändert. Zwei mögliche Operationen sind

- Mutation

- Rekombination (Kreuzung, Crossover).

Nach jeder Veränderung vernichtet man Individuen mit niedrigen Fitneß-Werten[37] und ersetzt sie durch Individuen mit hoher Fitneß (Reproduktion[38]). Hierzu existieren Ersetzungsvorschriften auf stochastischer Basis. Dies führt zur Operation der

- Reproduktion.

Die Reproduktion wirkt wie die Darwin'sche Auslese der Individuen. Eine genetische Veränderung wie Mutation oder Kreuzung alleine wäre nicht sehr wirkungsvoll, wenn nicht das Überleben der fittesten Individuen und das Aussterben der weniger guten Individuen der Population gewährleistet wäre. Durch das Zusammenwirken aller genetischen Operationen einschließlich der Reproduktion wird erreicht, daß sich die durchschnittliche Fitneß einer Population von Generation zu Generation erhöht.

Der genetische Algorithmus orientiert sich an den Gesetzen der biologischen Evolution. Die wesentliche Erweiterung gegenüber den Selektionsverfahren ist die Einführung einer Population von Individuen, die genetischen Operationen ausgesetzt wird, bevor eine Reproduktion und damit eine Selektion erfolgt.

Die damit verbundene Erhöhung der Komplexität des Verfahrens, die sich in Rechenzeit und Programmieraufwand niederschlägt, garantiert eine wesentlich höhere Wahrscheinlichkeit, das globale Optimum der Fitneß aufzufinden. Das Auffinden des globalen Optimums ist also beim genetischen Algorithmus wahrscheinlicher als beim Selektionsverfahren.

Im weiteren wird das Grundprinzip eines genetischen Algorithmus dargestellt. Hierzu genügt es, die von Holland und seinen Mitarbeitern eingeführte Form des Algorithmus genauer zu betrachten.

Gegeben sei eine Menge M_S. Die Elemente von M_S bezeichnen wir als Individuen, Strings oder Chromosomen. Jedes Individuum sei eine Folge der Binärwerte 0 und 1, also zum Beispiel

---

[37] Die Fähigkeit zu Überleben wird als Fitneß bezeichnet.

[38] Die Reproduktion, bei der Chromosomen mit hoher Fitneß überleben und solche mit niedriger Fitneß sterben, bewirkt, daß von Generation zu Generation die Chromosomen im Sinne der zu lösenden Aufgabe besser werden. John Holland veröffentlichte 1975 Algorithmen, die diesen Forderungen entsprachen /Ho75, S. 57/.

$$0\,0\,1\,1\,1\,0\,1\,0\,1\,1\,1\,0\,0\,1\,0\,1\,0\,1\,0\,0\,1\,1\,1\,1\,0\,0\,1$$

Alle Strings besitzen die Länge s. Die Menge M_s bezeichnen wir als den Suchraum. Eine Fitneß-Funktion f ordnet jedem Element von M eine reelle Zahl zu, also

$$f : M_s \rightarrow R$$

Gesucht ist das Individuum r, für welches f(r) optimal wird. Sucht man ein Minimum, läßt sich durch die Substitution f^(x) = -f(x) das Problem auf die Suche nach einem Maximum überführen. Wir können uns also auf Maxima beschränken.

Über Zufallszahlen produzieren wir N Individuen und fassen diese zu einer Menge P zusammen. P heißt Population, genauer: Anfangspopulation. Individuen einer Population können durch genetische Operationen verändert werden. Zunächst werden Mutationen und Rekombinationen in der einfachsten Form betrachtet.

- *Mutation*: Man wählt über Zufallszahlen ein Individuum der Population aus. Sodann bestimmt man über eine weitere Zufallszahl eine Position (Bit) im Individuum und ändert 1 in 0 bzw. 0 in 1.

- *Rekombination*: Ab einer Position werden zwei Individuen miteinander gekreuzt. Die zu rekombinierenden Individuen werden per Zufall ausgewählt, wobei Individuen mit höherer Fitneß bei der Auswahl bevorzugt werden. Individuen mit hoher Fitneß sollen überleben und in der neuen Generation vorkommen.

- *Reproduktion*: Aufgrund seiner hohen Fitneß wird ein Individuum ausgesucht, das bei der Erzeugung der neuen Generation überleben soll, also der neuen Population hinzugefügt wird.

Das Konzept eines genetischen Algorithmus basiert darauf, daß in einem Iterationsverfahren bei jedem Schritt eine oder mehrere der genetischen Operationen ausgeführt werden. Die neu entstehenden Individuen werden zu einer neuen Population (Generation) zusammengefaßt. Dabei werden die jeweils durchzuführenden Operationen nach Wahrscheinlichkeiten ausgewählt.

Die Grundform des Algorithmus lautet:

1 Wähle eine Anfangspopulation.

2 Ermittle aus der Population durch genetische Operationen neue Individuen. Fasse diese Individuen zu einer neuen Population (Generation) zusammen.

3 Fahre fort bei 2, falls das Abbruchkriterium nicht erfüllt ist.

Da die Reproduktion Individuen mit guter Fitneß bevorzugt, verbessert diese Operation die Durchschnittsfitneß einer Population. Die Populationen werden von Generation zu Generation leistungsfähiger.

Im Punkt 2 des Algorithmus erfolgt die Ermittlung einer neuen Generation dadurch, daß per Zufall eine der Operationen Rekombination, Mutation und Reproduktion ausgewählt wird. Die dadurch erzeugten neuen Individuen werden in einer Menge P gesammelt. Dies wird so oft wiederholt, bis P in seinem Umfang Populationsgröße erreicht hat. P ist dann die neue Population bzw. Generation.

Die Auswahl der genetischen Operation geschieht probabilistisch. Jeder Operation wird eine Wahrscheinlichkeit (Rate) zugeordnet, und zwar folgendermaßen:

Rekombination:	Wahrscheinlichkeit $p(C)$ (C = Crossover)
Mutation:	Wahrscheinlichkeit $p(M)$
Reproduktion	Wahrscheinlichkeit $p(R)$

Es ist $p(C) + p(M) + p(R) = 1$. Mit:

$p(C)$	= Rekombinationsrate
$p(M)$	= Mutationsrate
$p(R)$	= Reproduktionsrate

Dies führt zum Algorithmus:

1 Wähle eine Anfangspopulation P und N Individuen und definiere P' als die leere Menge.

2 Berechne für alle Individuen von P die Fitneß.

3 Führe eine der folgenden Operationen aus:
Rekombination (mit Wahrscheinlichkeit $p(C)$)
Mutation (mit Wahrscheinlichkeit $p(M)$)
Reproduktion (mit Wahrscheinlichkeit $p(R)$)
(Es ist $p(C)+p(M)+p(R)=1$).

4 Füge die neuen bzw. ausgewählten Individuen zur neuen Population P' hinzu.

5 Ist die Zahl der neuen Individuen kleiner als N, fahre fort bei 3, andernfalls weiter bei 6.

6 Die neugewonnenen Individuen bilden eine neue Population P'. Prüfe Abbruchkriterium. Falls es nicht erfüllt ist, setze P=P' und fahre fort bei 2. (Setze P' = leere Menge.)

7 Ermittle das Individuum mit höchster Fitneß als Lösung.

Es existieren viele verschiedene algorithmische Varianten, die aber in ihrer Grundstruktur dem oben angegebenen Rechenverlauf entsprechen. Der Algorithmus wird offenbar in seinem Ablauf bestimmt durch die Populationsgröße N sowie durch die Raten $p(C)$, $p(M)$, $p(R)$. Die Wahl der Raten ist anwendungsbezogen, jedoch gibt es allgemeine heuristische Regeln, die man als Erfahrungsregeln bezeichnen könnte[39]:

- Die Populationsgröße liegt meistens zwischen 50 und einigen hundert.

- Die Rekombinationsrate sollte größer als 0,5 sein (meist: 0,6).

- Die Mutationsrate sollte klein sein. Ist N die Populationsgröße, empfiehlt sich $p(M) \leq 1/N$.

---

[39] Vergleich hierzu Goldberg /Go89/.

Bei den genetischen Algorithmen handelt es sich um hochparallele Algorithmen, so daß eine Implementierung auf Parallelrechnern sinnvoll erscheint. Die Codierung der Individuen ist im allgemeinen binär, d.h. für die Elemente der Strings sind nur 0 und 1 zugelassen. Dies hat u.a. historische Gründe. Es spricht nichts dagegen, auch andere Codierungen zuzulassen.

Genetische Algorithmen sind fast universell einsetzbar. Ist das zu lösende Problem parametrisierbar, ist die Funktion der Fitneß nicht zu chaotisch und ist der Suchraum außerdem nicht zu komplex, wird ein genetischer Ansatz zum Erfolg führen.

Evolutionsstrategien

Die bei den Evolutionsstrategien[40] (ES) eingesetzten Optimierungsmethoden orientieren sich, wie die genetischen Algorithmen, an den Prinzipien der biologischen Evolution. Auch hier existieren Populationen und genetische Operationen wie Mutation, Rekombination und Selektion. Die Schaffung neuer Generationen geschieht im wesentlichen wie bei genetischen Algorithmen. Lediglich die algorithmische Implementierung unterscheidet sich.

Wie bei den genetischen Algorithmen arbeitet die Evolutionsstrategie mit den folgenden Basisbegriffen:

- Population
- Genetische Operationen
  Mutation
  Rekombination
  Selektion
- Fitneß-Funktion

Bei den genetischen Operationen ist die Mutation der Hauptoperator und nicht, wie bei den genetischen Algorithmen, eine Hintergrundoperation.

Evolutionsstrategien kontra genetische Algorithmen

Beide Verfahren arbeiten mit Populationen potentieller Lösungen und selektieren auf bestimmte Weise aussichtsreiche Individuen der Population nach ihrer Fitneß, gemäß dem Prinzip des "survival of the fittest", um auf der Basis der selektierten Individuen neue, bessere Populationen für potentielle Lösungen zu erzeugen.

Bei den Evolutionsstrategien stehen dabei die Mutationsprozesse und die adaptive Schrittweitenregelung im Vordergrund, bei den genetischen Algorithmen hingegen eher die genetischen Rekombinationen und die diversen Crossover-Mechanismen.

Die drei wesentlichen Unterschiede der beiden Verfahren sind in Bild 4-15 gegenübergestellt.

---

[40] Evolutionsstrategien wurden bereits zu Beginn der siebziger Jahre an der TU Berlin von Ingo Rechenberg und später auch von Hans Paul Schwefel angedacht und weiterentwickelt /Rec73/, /Sch81/. Die ersten Anwendungen waren experimentelle Optimierungen mit diskreten Mutationen (z.B. Optimierung von Plattenformen im Windkanal, Optimierung einer Einkomponenten-Zweiphasen-Überschalldüse). Später erfolgten entsprechende Rechnersimulationen. Die Entwicklung der Evolutionsstrategie erfolgte trotz der identischen Grundkomponenten mit den genetischen Algorithmen eigenständig Erst 1990 kam es zu Kontakten zwischen den GA-Forschern der USA und den ES-Forschern aus Deutschland (Berlin, Dortmund).

	Genetischer Algorithmus	**Evolutionsstrategien**
1. Repräsentation der Individuen einer Population	– Chromosomen werden als binäre Vektoren codiert.	– Chromosomen werden als reellwertige Vektoren codiert.
2. Selektionsprozeß	– Die einzelnen Eltern werden durch einen Zufallsprozeß mit einer Wahrscheinlichkeit selektiert, die proportional zu ihrer Fitneß ist. – Dem survival of the fittest entspricht hier die Auswahl der Paare.	– Die Auswahl der Eltern erfolgt nach einem deterministischen Schema: jeweils die besten Individuen werden die neuen Eltern. – Dies entspricht einem survival of the fittest im strengen Sinne des Wortes.
3. Selbstadaption gewisser Steuerungsparameter	– Steuerungsparameter sind beim genetischen Algorithmus nur umständlich durch eine Codierung der Parameter in den Chromosomen zu erreichen.	– Mutationsschrittweite und korrelierte Mutationen sind standardmäßig in das Verfahren integriert.

Bild 4-15   **Evolutionsstrategien kontra genetische Algorithmen**

Diese teilweise gravierenden Unterschiede der beiden Evolutionsverfahren lassen einen methodisch einwandfreien Performance-Vergleich der beiden Ansätze kaum zu. Hinzu kommt ein weiteres Problem: Beide Verfahren sind stark von bestimmten Parametereinstellungen (Codierung, Populationsgröße, Mutationsraten, Selektionsschema etc.) abhängig. Sind die Parameter schlecht gewählt, kann es leicht vorkommen, daß die Verfahren nicht oder nur ungenügend konvergieren. Demnach müßte man bei einem Vergleich der Verfahren eigentlich immer noch die jeweiligen Parametereinstellungen berücksichtigen bzw. nur optimale Einstellungen zulassen.

Dies ist in der Regel kaum möglich, da es zu viele Variationsmöglichkeiten der Parameter gibt, und da man die optimalen Einstellungen häufig gar nicht kennt. In der theoretischen Evolutionsforschung und der Literatur hat sich deshalb ein recht pragmatischer Ansatz durchgesetzt. Es werden einfach einige Funktionen definiert, die zum Testen der Algorithmen herangezogen werden. Dabei spielt insbesondere das Verhalten der Algorithmen bei solchen Testfunktionen eine Rolle, die viele lokale Optima und/oder Plateau-Flächen aufweisen, um festzustellen, wie leicht die Algorithmen in solche "Fallen tappen" und ob sie aus diesen Fallen durch Mutation oder Rekombination wieder herauskommen.

5 Genetischer Algorithmus als Lösungsansatz zur Optimierung von Geschäftsprozessen

Das Vorhaben der vorliegenden Arbeit ist es, erstmalig ein Verfahren zur Optimierung von Geschäftsprozessen zu entwickeln. Dieses neuartige Optimierungsverfahren ist so aufzubauen, daß Geschäftsprozesse, bestehend aus Teilprozessen und Einzeltätigkeiten, entsprechend den klassischen Kriterien Kosten, Qualität und Zeit optimiert werden. Die Integration des Optimierungsverfahrens innerhalb der Organisationsgestaltung sowie die Bedeutung für den Geschäftsprozeß der Auftragsabwicklung wurde in Kapitel 2 grundsätzlich abgeleitet.

Die in Kapitel 2 Bild 2-8 dargestellten Schritte der Geschäftsprozeßoptimierung werden in Bild 5-1 um wichtige Einzelschritte ergänzt und im Überblick dargestellt.

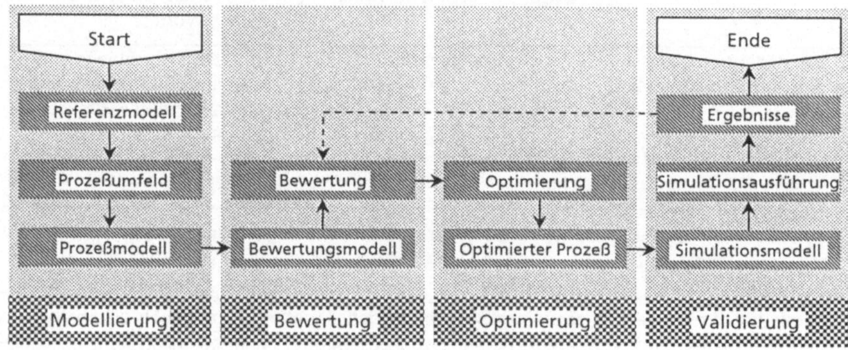

Bild 5-1   **Einzelschritte der Geschäftsprozeßoptimierung**

Wie in Bild 5-1 dargestellt, ist der Optimierungsalgorithmus eingebettet in ein ganzheitliches durchgängiges Verfahren der Geschäftsprozeßmodellierung, -bewertung, -optimierung und -simulation. Den ersten Schritt stellt die Modellierung ausgehend von einem Referenzmodell dar. In einem zweiten Schritt erfolgt die Geschäftsprozeßoptimierung mittels eines genetischen Algorithmus nach den drei klassischen Zielkriterien Qualität, Kosten und Zeit. Für den optimierten Ablauf werden im Rahmen der Validierung, in einer zeitdynamischen Betrachtungsweise, der Simulation entsprechende Leistungskenngrößen, wie z.B. Durchlaufzeiten, Ressourcenauslastungen, etc. ermittelt.

Die erfolgreiche Gestaltung und Optimierung der Geschäftsprozesse im Unternehmen sowie im Unternehmensnetzwerk erfordert entsprechend leistungsfähige Managementwerkzeuge. Gemäß den Ausführungen in Kapitel 2 und 3 wurden die Geschäftsprozesse manuell optimiert, d.h. "reengineert". Die konventionellen Ansätze in der Unternehmensorganisation beschränken sich in der Regel auf den Einsatz von Business Process Reengineering-Tools als reine Modellierungs- und Visualisierungswerkzeuge. Neuere Lösungsansätze erweitern die Modellierung konsequent in Richtung einer Prozeßsimulation.

In vielen Fällen führt das "manuelle Optimieren" nicht zum angestrebten Erfolg. Ein neuer Weg, wie zukünftig die Umgestaltung der Geschäftsprozesse zielgerichteter und kostengünstiger abgewickelt werden kann, wird im folgenden beschrieben. Durch das Optimierungsverfahren steht ein Werkzeug zur Verfügung, mit dem beim Aufbau einer prozeßorientierten Unternehmensorganisation die Geschäftsprozesse im Unternehmen bewertet werden können und die Effektivität und Effizienz innerhalb der Unternehmensorganisation maßhaltig gesteigert werden können.

Entsprechend den Aussagen in Kapitel 2 und 3 ist die Aufgabe der Geschäftsprozeßoptimierung unabhängig von der Gestaltung der Organisationsstrukturen und Führungsstrukturen im Unternehmen. Daher wird ein universell einsetzbares Optimierungsverfahren benötigt, das anwendungsspezifisch auf die Unternehmensprozesse zugeschnitten werden kann. Für die benötigten Komponenten des Optimierungsverfahrens (Modellierung, Bewertung und Optimierung) wurden in Kapitel 4 Defizite im Stand der Technik abgeleitet.

Die zugrundeliegende Problemstellung kann als Optimierungsproblem beschrieben werden, das mit Hilfe unterschiedlicher Methoden aus dem Bereich "constraint processing" gelöst wird (Kapitel 2). Wie aus der Definition des "constraint processing" hervorgeht, muß dazu zunächst ein mathematisches Modell erarbeitet und darauf aufbauend ein leistungsstarkes Lösungsverfahren entwickelt werden, das die unterschiedlichen Optimierungsmethoden berücksichtigt.

Wie in Kapitel 4 dargestellt werden konnte, beschäftigen sich bisherige Arbeiten im Bereich der Unternehmensorganisation mit Problemen der Modellierung und Visualisierung von Geschäftsprozessen. Die dabei entstandenen Methoden stellen bezüglich der Optimierung keine praktikablen Lösungsansätze bereit. In dieser Arbeit soll daher ein Lösungsansatz verfolgt werden, bei dem ein genetischer Algorithmus zur Geschäftsprozeßoptimierung auf einem objektorientierten Modellierungsverfahren aufsetzt (Bild 5-2).

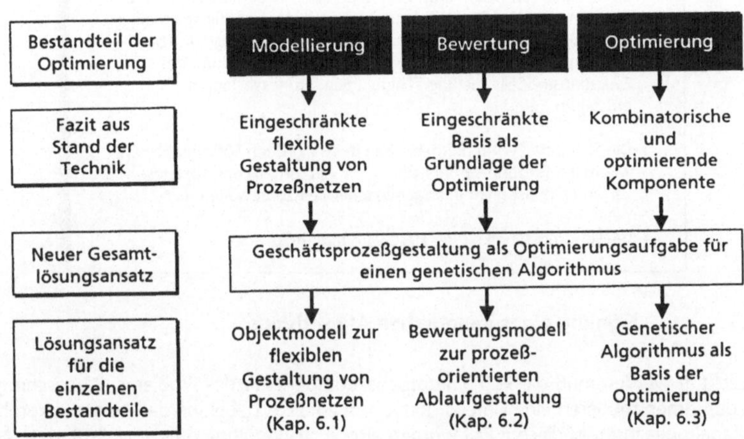

Bild 5-2   Hauptdefizite bekannter Ansätze und neuer Lösungsansatz

Die Zielsetzung dieser Arbeit kann in den zwei folgenden neuen Ansatzpunkten zusammengefaßt werden:

- Übertragung der Abläufe der biologischen Evolution auf ein ablauforganisatorisches System. Lösung der kombinatorischen Komponente und der Optimierungskomponente im Rahmen der Ablaufgestaltung.

- Aufbau eines neuen, ganzheitlichen und durchgängigen Verfahrens, ausgehend von der Modellierung über die Bewertung bis hin zur Optimierung von Geschäftsprozessen.

Da bei umfangreicheren Geschäftsprozessen der Lösungsraum schnell sehr groß wird, macht ein Branch-and-Bound, das die optimale Lösung findet, nicht für alle Anwendungsfälle Sinn. Ein genetischer Algorithmus jedoch ist ein hervorragendes Werkzeug bei der Suche nach guten Lösungen in sehr großen Lösungsräumen. Dabei werden Techniken und Methoden der Natur nachgeahmt und so der Lösungsraum zielgerichtet untersucht. Darüber hinaus sorgen Zufallselemente dafür, daß die Ergebnisse nicht nur lokale Optima sind und sich nicht weiter entwickeln (vgl. hierzu 4.3 Prozeßoptimierung). Ein genetischer Algorithmus sucht stoßweise und kann dadurch bereits nach kurzer Zeit "gute" Lösungen liefern. In Bild 5-3 sind die Gründe für die Eignung eines evolutionären Optimierungsverfahrens, wie es ein genetischer Algorithmus darstellt, zusammengefaßt. Eine Anwendung im Rahmen der Geschäftsprozeßgestaltung ist dem Autor nicht bekannt.

Prozeßoptimierung: Warum ein evolutionäres Verfahren?

- In den wenigsten Fällen sind die Fitneßfunktionen differenzierbar oder gar linear, oft sind sie so komplex, daß absolut kein Ansatz für eine algorithmisch-deterministische Lösung existiert.

- Zur Lösung von Optimierungsaufgaben sind in den letzten drei Jahrzehnte neue Ansätze entstanden, die sich an den Prinzipien der Evolution orientieren. Die algorithmische Nachbildung auf dem Computer zeigte, daß selbst bei extremer Vereinfachung des Evolutionsmodells leistungsfähige Optimierungsverfahren entstehen.

- Die Suche nach guten Ergebnissen in sehr großen Lösungsräumen, wie es ein Prozeßnetz darstellt, ist mit herkömmlichen Lösungsverfahren meist nicht in angemessener Zeit zu bewältigen.

- Die Leistungsfähigkeit der Hardware nimmt zu.

Bild 5-3   **Eignung eines genetischen Algorithmus**

Berücksichtigt werden muß die kombinatorische Komponente des Problems. Klassische genetische Algorithmen mutieren eine Datenstruktur rein zufällig. Dabei werden keinerlei kombinatorische Regeln beachtet. In diesem Fall würden also auch ungültige oder unvollständige Abläufe entstehen. Deshalb müssen spezielle Regeln definiert und daraus resultierend spezielle Operationen entwickelt werden, die dafür Sorge tragen, daß die Mechanismen eines genetischen Algorithmus wie Rekombination oder Mutation[41] immer gültige Ergebnisse generieren.

Der grundsätzliche Aufbau eines genetischen Algorithmus ist in Bild 5-4 dargestellt.

---

[41] Rekombination und Mutation werden im Kapitel 6.3.5 "Pseudocode genetischer Algorithmus" beschrieben

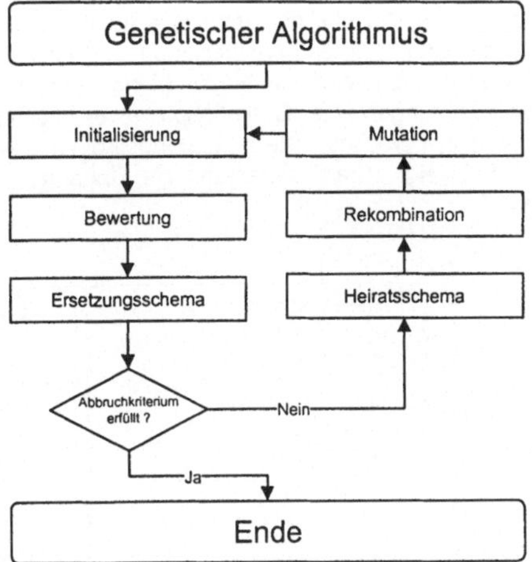

Bild 5-4 **Grundsätzlicher Aufbau eines genetischen Algorithmus**

Zu Beginn wird während der **Initialisierung** eine Basispopulation erzeugt. Eine Population ist nichts anderes als eine Ansammlung von Individuen, bzw. von Abläufen im Fall der Geschäftsprozeßoptimierung.

Die **Bewertung** der Individuen (Abläufe) greift auf das Bewertungsmodell zurück. Nach der Bewertung werden mit Hilfe des **Ersetzungsschemas** die Individuen ausgewählt, die in eine neue Generation mit hinein genommen werden. Das **Heiratsschema** legt fest, welche Individuen miteinander rekombiniert werden, d.h. welche Individuen gegenseitig Komponenten austauschen. Sowohl das Ersetzungsschema als auch das Heiratsschema bedienen sich des Roulette-Wheel-Verfahrens als Auswahlmethode.

Aus der Population entwickeln sich durch Manipulationen die Abläufe immer weiter. Unter Manipulationen sind dabei Rekombination und Mutation zu verstehen. Beispielsweise werden während der **Rekombination** Teile einzelner Abläufe an entsprechenden Stellen ausgeschnitten und an einer jeweils anderen Stelle des Ablaufs wieder eingefügt. Eventuelle Fehler in den neuen Abläufen wie Kreise oder Redundanzen werden "repariert".

Mit Hilfe der **Mutation** werden Abläufe punktuell verändert, z.B. wird die Reihenfolge zweier Einzeltätigkeiten vertauscht. Auch hier müssen allerdings die Randbedingungen erfüllt werden, um fehlerhafte Abläufe zu vermeiden.

Die Mutations- und die Rekombinationsrate, also die jeweilige Wahrscheinlichkeit des Auftretens einer Mutation oder Rekombination, "steuern" dabei die Entwicklung zu optimalen Individuen und müssen sorgfältig eingestellt werden, um das Abdriften in lokale Optima zu vermeiden. Es werden jedoch Werte voreingestellt, die erfahrungsgemäß sehr gute Ergebnisse liefern.

Die Anzahl der Generationen und die Anzahl der Individuen innerhalb einer Generation sind ebenfalls Steuergrößen, die zur Vermeidung lokaler Optima dienen. Auch hier gilt es, Richtwerte zu ermitteln. Weitere Steuergrößen des genetischen Algorithmus (Bild 5-5) sind die unter den Randbedingungen zusammengefaßten, fest eingestellten Mechanismen. Sie garantieren, daß jedes Ergebnis ein gültiger Ablauf ist und damit der Modellierung nicht widerspricht.

Die Ausgangsgrößen der Optimierung sind der optimierte Ablauf sowie die aus der Prozeßbewertung ermittelten relativen und absoluten Kennwerte. Die absoluten Kennwerte "Mitarbeiteranzahl" und "-kosten" werden basierend auf einem Mengengerüst, d.h. aufgrund der geschätzten Anzahl von Wiederholungen eines Geschäftsprozesses in einem bestimmten Intervall, z.B. in einem Monat oder Jahr, berechnet. Diese Ausgangsgrößen stellen die Eingangsgrößen der Validierung dar. Bild 5-5 zeigt zusammenfassend die Eingangs-, Steuer- und Ausgangsgrößen der Optimierung.

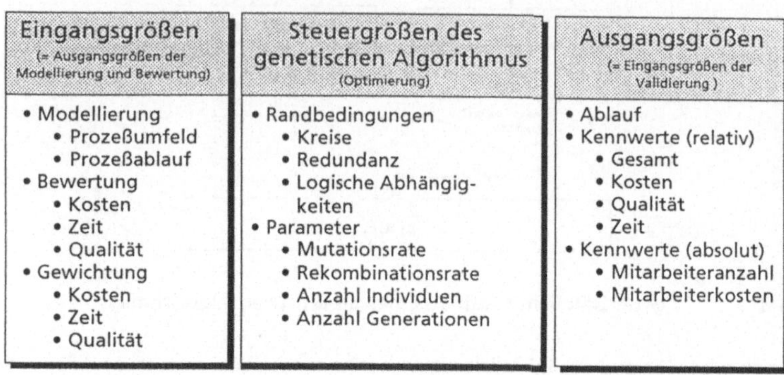

Bild 5-5   **Eingangs-, Steuer- und Ausgangsgrößen der Optimierung**

Entsprechend der in Kapitel 3 erarbeiteten Anforderungen ist zur Zielerreichung die Entwicklung von 3 aufeinander aufbauenden, abzustimmenden Modellen erforderlich:

- Erarbeitung eines objektorientierten **Unternehmensmodells** zur Beschreibung der Geschäftsprozesse, so daß ein modulares, flexibel anpassbares Referenzmodell entsteht (Kap. 6.1).

- Entwicklung eines **Bewertungsmodells** der Geschäftsprozesse, das für den Organisator einfach und verständlich ist (Kap. 6.2).

- Entwicklung eines **Optimierungsmodells** auf der Basis eines genetischen Algorithmus, welches im Rahmen des zur Verfügung stehenden Suchraums den Ablauf ermittelt, für den die Bewertungsfunktion den minimalen Wert annimmt (Kap. 6.3).

Um die einzelnen Verfahrensschritte des Optimierungsverfahrens zu erarbeiten, ist aufgrund der Problemkomplexität eine jeweils gesonderte Modellbildung erforderlich. Basierend auf den erarbeiteten Modellen werden die jeweiligen Verfahrensschritte aufgebaut.

In Kapitel 7 wird der entwickelte Verfahrensablauf, d.h. das Zusammenspiel der in Kapitel 6 entwickelten Verfahrensgrundlagen dargestellt. Dabei sind vier Phasen zu unterscheiden. Die erste Phase beinhaltet die Modellierung (Kap. 7.1, 7.2 und 7.3). Im Rahmen der Modellierung wird die Voraussetzung für den Einsatz des genetischen Algorithmus geschaffen. Die Phase zwei beinhaltet die Optimierung und damit den Einsatz des genetischen Algorithmus (Kap. 7.4). Das Ergebnis der Optimierung ist ein neu generierter Prozeßablauf. Die dritte Phase umfaßt die Validierung (Kap. 7.5). Die Validierung untersucht den neuen optimierten Ablauf auf Schwachstellen, wie z.B. auftretende Engpässe, die sich im Rahmen einer zeitdynamischen Betrachtung ergeben können. Die Visualisierung stellt die vierte und letzte Phase dar. Sie dient dem Organisator zur Veranschaulichung des optimierten Ablaufs.

Die Möglichkeiten und Grenzen des entwickelten Optimierungsverfahrens werden in Kapitel 8 beurteilt. Zu dem in der Arbeit vorgeschlagenen Lösungsansatz ist grundsätzlich zu sagen:

- Der gewählte objektorientierte Modellierungsansatz und das Optimierungsmodell sind grundsätzlich auf alle Arten von Geschäftsprozessen im Unternehmen anwendbar. Eine Einschränkung auf den Auftragsabwicklungsprozeß ist nicht notwendig. Der hier in der Validierung betrachtete Auftragsabwicklungsprozeß kann als ein Referenzablauf angesehen werden und ist durch einfache Modifikation auf andere Unternehmen zu übertragen.

- Durch eine zu große Anzahl an Bedingungen ("constraints") in der Prozeßmodellierung wird die Leistungsfähigkeit des genetischen Algorithmus stark eingeschränkt. Dies ist jedoch nicht ein für den genetischen Algorithmus spezifisches Problem, sondern bezeichnet vielmehr die natürliche Grenze einer Optimierung.

Die Betrachtung des praktischen Einsatzes des Verfahrens erfolgt anhand eines Fallbeispiels (Kap. 8). Dazu wird ein betriebliches Anwendungsbeispiel als Pilotanwendung untersucht. Es soll versucht werden, den Nutzen des Verfahrens aufzuzeigen, um so eine Verifizierung des Verfahrens in der Praxis zu erbringen. Im Anhang (Kap. 11) soll zudem ein Überblick über die Implementierung des Verfahrens gegeben werden.

Der ganzheitliche Ansatz der Geschäftsprozeßoptimierung unterstützt den Organisator bei der Durchführung einer Reorganisation. Die im Verfahren geschaffene leistungsfähige Kombination von Modellierung, Optimierung und Simulation erhöht die Projektsicherheit bei der Umsetzung organisatorischer Maßnahmen im Unternehmen. Die Organisationsarbeit läßt sich dadurch greifbarer gestalten, und einer kontinuierlichen Unternehmensentwicklung steht nichts mehr im Weg.

Erreicht das Optimierungsverfahren sein vorgegebenes Ziel erschließen sich zusätzlich eine Vielzahl von weiteren Anwendungen. So können erstmalig die Geschäftsprozesse aus Modellierungssystemen zur Optimierung herangezogen werden. Darüber hinaus ist ein flexibler Einsatz des Bewertungsverfahrens möglich, und ein quantitativer Vergleich bestehender Geschäftsprozesse in Unternehmen kann durchgeführt werden. In Verbindung mit einem Workflowsystem besteht die Chance, daß bestehende Abläufe einem systemunterstützten kontinuierlichen Verbesserungsprozeß unterliegen. Um der Komplexität der Abläufe im Unternehmen gerecht zu werden, bekommt der Organisator eine aktive Unterstützung bei der effizienten und zielgerichteten Gestaltung der Prozesse.

6 Grundlagen des Optimierungsverfahren

6.1 Modellierung

6.1.1 Unternehmensmodell

Bei der Erstellung eines Unternehmensreferenzmodells geht es darum, ein präzises, kompaktes, verständliches und korrektes Modell des realen Unternehmens mit seinen Prozessen und Strukturen zu entwickeln. Die Anforderungen an das Unternehmen und die reale Umgebung des Unternehmens, in der das Unternehmen Ertrag erwirtschaften soll, müssen erfaßt und analysiert werden.

Diese Aufgabe soll mit einem objektorientierten Modell verständlich gelöst werden. Die Modellierung erfolgt hier nach Rumbaugh /Rum93/ unter Verwendung der Object Modeling Technique - OMT. Hierzu werden die in der realen Welt wichtigen und die für die Optimierung maßgeblichen Eigenschaften abstrahiert. Im folgenden Kapitel wird ein entsprechendes Objektmodell entwickelt und beschrieben.

6.1.1.1 Objektmodell

Innerhalb des Objektmodells stellt die Prozeßmodellierung einen zentralen Bestandteil dar. Da das Objektmodell den verschiedenen Sichten auf den Prozeß gerecht werden soll, betrachten wir an dieser Stelle das Objekt Prozeß detaillierter. Bild 6-1 zeigt die in dieser Arbeit verwendete Struktur des Objekts Prozeß. Dabei erkennt man, daß ein Prozeß auf verschiedenen Ebenen analysiert werden muß, um die unterschiedlichen Aspekte eines Prozesses abbilden zu können. Die Ebenen 0 bis 3 sind notwendig, um eine im Sinne der Geschäftsprozeßoptimierung vollständige Modellierung zu ermöglichen.

Bild 6-1   **Ebenen der Prozeßmodellierung**

In der Prozeßmodellierung besteht der Prozeß aus zwei weiteren Aspekten. Dies sind zum einen die **Prozeßhierarchie** und zum anderen die **Prozeßdefinition**.

Die **Prozeßhierarchie** veranschaulicht den Zusammenhang bzw. die Abstufung der Prozesse. Bild 6-2 zeigt diese Prozeßhierarchie in Anlehnung an die OMT-Notation. Es ist gut zu erkennen, daß eine Hierarchie nicht von oben nach unten dargestellt wird, sondern durch die Beschreibung "besteht aus" abgebildet wird.

Die Klasse "Prozeß" ist die Superklasse der Klassen Geschäftsprozeß, Hauptprozeß, Teilprozeß und Einzeltätigkeit. Sie gibt durch Vererbung sämtliche Attribute an diese Subklassen weiter. Die Subklassen stehen darüber hinaus in folgender Weise miteinander in Verbindung: Ein Geschäftsprozeß ist der übergeordnete Prozeß. Er besteht aus ein oder mehreren Hauptprozessen. Ein Hauptprozeß besteht aus ein oder mehreren Teilprozessen. Ein Teilprozeß besteht aus ein oder mehreren Einzeltätigkeiten. Durch diese Klassenstruktur kann der Detaillierungsgrad der Modellierung an den Anwendungsfall angepaßt werden.

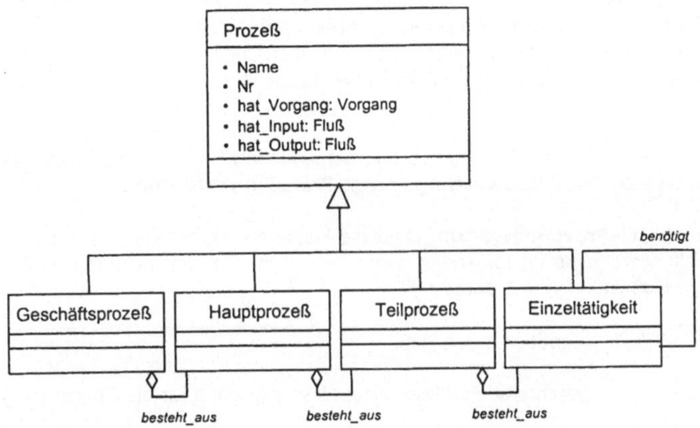

Bild 6-2   **Prozeßhierarchie mit Vererbungsstruktur (Darstellung nach OMT)**

Die **Prozeßdefinition**, dargestellt in Bild 6-3, ist in den Attributen und Relationen der Klasse Prozeß hinterlegt.

Name	Identifiziert den Prozeß.
Nr	Numeriert den Prozeß.
hat_Vorgang	Beschreibt Zusammenhang mit Klasse Vorgang.
hat_Input	Beschreibt Zusammenhang mit Klasse Fluß.
hat_Output	Beschreibt Zusammenhang mit Klasse Fluß.

Bild 6-3   **Data Dictionary für die Klasse Prozeß**

Auf logische Zusammenhänge zwischen den Attributen und Relationen der Klasse Prozeß wird im anschließenden Prozeßmodell eingegangen.

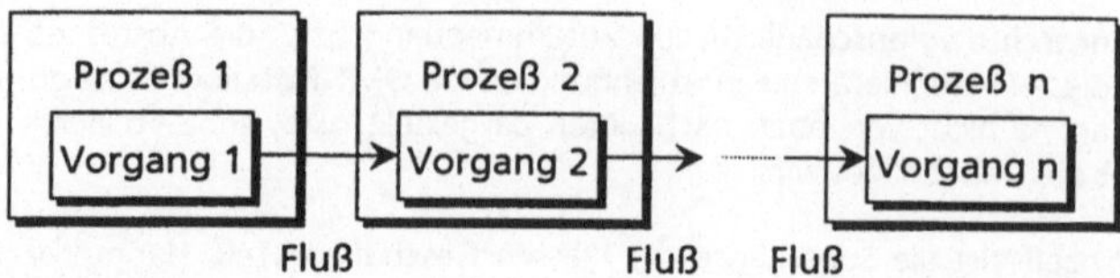

Bild 6-4   Prozeßmodell

Bild 6-4 zeigt im Prozeßmodell den Zusammenhang der Klassen Vorgang und Fluß.

Flüsse sind das Bindeglied zwischen Prozeß und Vorgänger-Prozeß. Sie enthalten Kennzahlen zur Bewertung eines Ablaufs. Mit ihrer Hilfe können logische Abhängigkeiten zwischen den einzelnen Prozessen dargestellt und somit ein Ablauf aufgebaut werden. In der Modellierungsphase geben sie den Lösungsraum aller möglichen Übergänge zwischen den Prozessen vor. Die Vorgänge beschreiben die eigentliche Arbeit bzw. Tätigkeit, die in den Prozessen geleistet werden muß.

Die Ebene 2 der Prozeßmodellierung aus Bild 6-1 erweitert die Prozeßdefinition um zwei wesentliche Punkte: die **Prozeßbewertung** und die **Prozeßdurchführung**.

Maßgeblich für die **Prozeßbewertung** sind die Flüsse als Freiheitsgrad in der Ablaufoptimierung. Deshalb werden sie im folgenden näher betrachtet. Das entsprechende Data Dictionary für die Klasse Fluß ist in Bild 6-5 dargestellt.

Name	Identifiziert den Fluß.
Klassifikation	Beschreibt die Klasse eines Flusses (wichtig für die Optimierung).
Kennzahl	Beschreibt den Wert der Kennzahl.
hat_Startknoten	Beschreibt die Abfolge von Prozessen.
hat_Zielknoten	Beschreibt die Abfolge von Prozessen.

Bild 6-5   Data Dictionary für die Klasse Fluß

Aus den Flüssen ergibt sich ein Netzwerk aus logischen Abhängigkeiten. Durch die Flüsse werden auch die theoretisch möglichen und zulässigen Flüsse zwischen einzelnen Prozessen dargestellt. Wobei sich mögliche Flüsse aus den benötigten Vorgängerbeziehungen der Prozesse ergeben. Diese Vorgängerbeziehung sind darstellbar für Einzeltätigkeiten, Teilprozesse, Hauptprozesse oder Geschäftsprozesse, insofern dies sinnvoll erscheint. Die Klassifikation der unterschiedlichen Verbindungen wird in Kapitel 6.1.3.3 beschrieben.

Zur Bewertung eines Ablaufs werden verschiedene Kennzahlen hinsichtlich der drei klassischen Bewertungskriterien Kosten, Qualität und Zeit in Kapitel 6.2.2.1 eingeführt. Diese werden für jeden einzelnen, möglichen Fluß bestimmt und dann im Attribut Kennzahl hinterlegt.

Dabei werden die drei Kennzahlen hinsichtlich Kosten, Qualität und Zeit zu einer Gesamtkennzahl zusammengeführt und dem entsprechenden Fluß zugeordnet.

Im folgenden soll zunächst die Klasse Kennzahl und dann zum besseren Verständnis exemplarisch eine Unterklasse der Klasse Kennzahl vorgestellt werden. Bild 6-6 zeigt das Data Dictionary für die Klasse Kennzahl.

Name	Identifiziert die Kennzahl.
Ausprägung	Beschreibt den Wert der Kennzahl (entweder gegeben oder berechnet).
Berechne Kennzahl	Berechnet den Wert der Kennzahl.

Bild 6-6   **Data Dictionary für die Klasse Kennzahl**

Das Objektmodell der Klasse Kennzahl ist in Bild 6-6 dargestellt. Entsprechend dem Data Dictionary enthält das Objektmodell für die Klasse Kennzahl die Attribute Name, Ausprägung sowie die Funktion zur Berechnung der Kennzahl. Die Kennzahlen Kosten, Qualität und Zeit finden sich im Objektmodell wieder. Aufgrund des objektorientierten Aufbaus ist eine unternehmensspezifische Erweiterung oder Anpassung, wie z.B. Servicegrad, jederzeit einfach und schnell möglich.

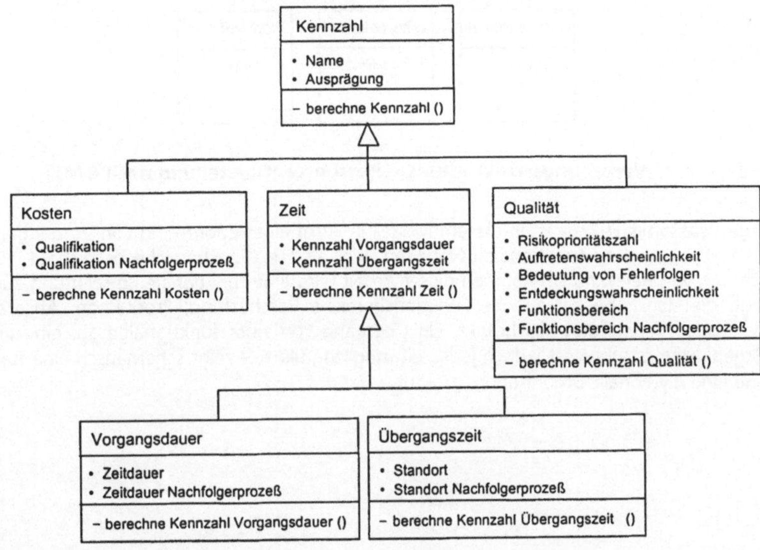

Bild 6-7   **Vererbung der Klasse Kennzahl (Darstellung nach OMT)**

Auf die Berechnungsfunktionen der einzelnen Bewertungskennzahlen wird in Kapitel 6.2.2 "Zielfunktion" detaillierter eingegangen.

Zweites Element der Prozeßdefinition stellt die **Prozeßdurchführung** dar. Für die Prozeßdurchführung ist die Klasse Vorgang ausschlaggebend. Hier werden die zur Durchführung der elementaren Prozesse notwendigen Eigenschaften definiert. Aufgrund der Prozeßhierarchie werden Einzeltätigkeiten zu Teilprozessen verdichtet, d.h. Eigenschaften werden in der Ausprägung addiert oder die Informationen bezüglich der Prozeßdurchführung aggregiert.

Jeder Vorgang erfordert eine Ressource Mitarbeiter (optional zur Angabe einer Mindestqualifikation) und eine Ressource Betriebsmittel. Zusätzlich ist jeder Vorgang einer funktionalen Organisationsstruktur (hier: Funktionsbereich) zugeordnet. Dies führt direkt zur Ebene 3 der Prozeßmodellierung, der **Ressourcenzuordnung** und der **Organisationsstruktur**.

Wie schon beschrieben, werden jedem Vorgang **Ressourcen zugeordnet**. Grundsätzlich unterscheidet man zwischen den Ressourcen Betriebsmittel, Mitarbeiter und Rohstoffe. Diese Ressourcen werden im Objektmodell, wie in Bild 6-8 dargestellt, auf unseren Bedarf reduziert. Der Hintergrund dieser Modellierung wird in Kapitel 6.2.2.1 "Bewertungskriterien" bezüglich des Einflusses der Ressourcen auf die Bewertung von Geschäftsprozessen herausgearbeitet.

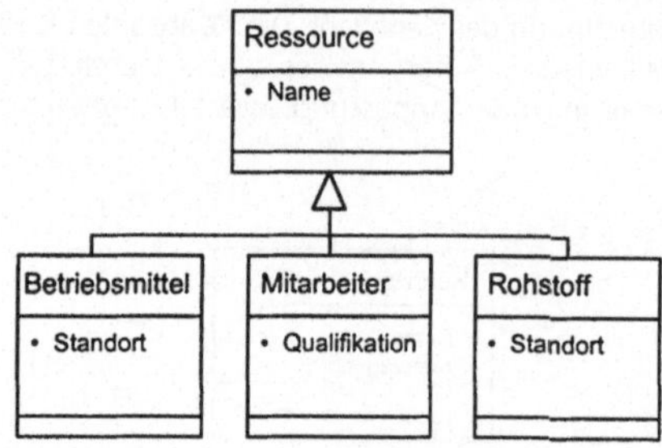

Bild 6-8   **Vererbungsstruktur Klasse Ressource (Darstellung nach OMT)**

Die **Organisationsstruktur** ist in diesem Modell in Form einer Zuordnung von Vorgängen und damit von Prozessen zu funktionalen Einheiten, hier als Funktionsbereiche bezeichnet, für die Optimierung von Relevanz. Im Rahmen dieser Arbeit wird eine funktionale Betrachtung zugrundegelegt, die sich zunächst auf die Funktionsbereiche Beschaffung, Produktion, Absatz und kaufmännische Verwaltung beschränkt. Ein Übergang von einer funktionalen auf eine divisionale Organisationsstruktur ist jedoch jederzeit möglich. Bild 6-9 zeigt schematisch eine funktionale und eine divisionale Organisationsstruktur.

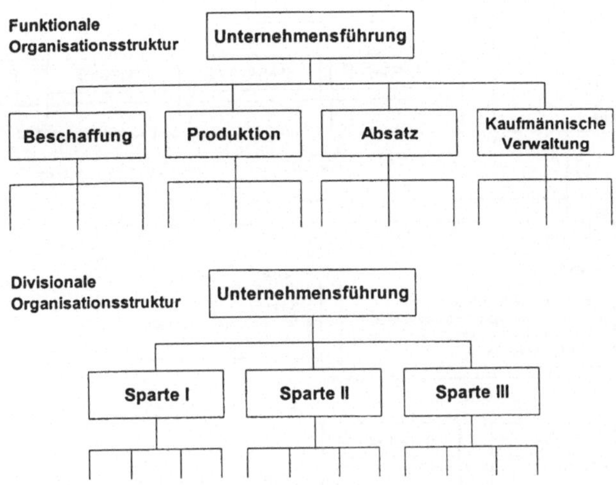

Bild 6-9   **Funktionale und divisionale Organisationsstruktur**

In Bild 6-10 sind die vorgestellten Objektmodelle der einzelnen Ebenen in einem gesamten Objektmodell zusammengeführt. Das übersichtliche Objektmodell enthält alle zur Optimierung erforderlichen Datenkonstrukte und bildet die Grundlage für die weitere Lösungsbeschreibung.

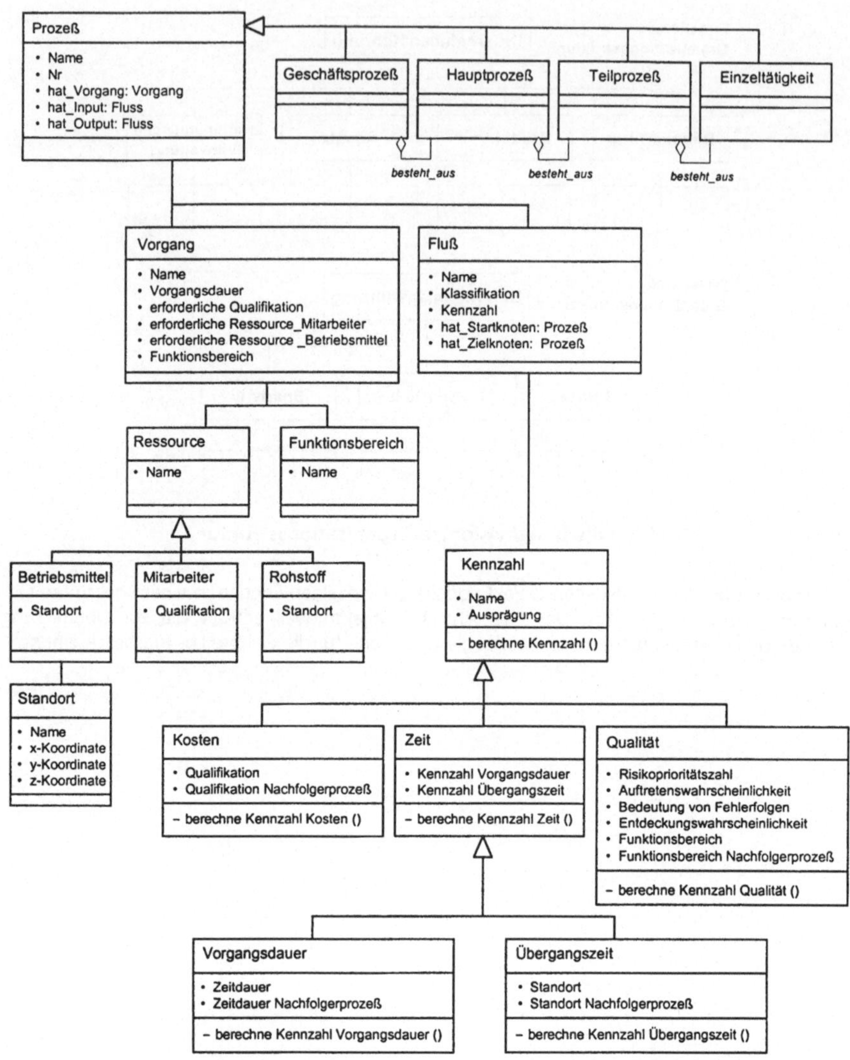

Bild 6-10   Objektmodell (Darstellung nach OMT)

6.1.1.2 Referenzmodell

Eine wesentliche Erleichterung für die Modellierung bietet ein Referenzmodell, anhand dessen zumindest auf der Ebene der Geschäftsprozesse idealtypische Prozesse definiert werden. Nach Hars /Har94, S. 14/ ist ein Referenzmodell ein Modell mit einem gewissen Grad an Allgemeingültigkeit und stellt die Grundlage für die Erstellung eines spezifischen Modells dar.

Innerhalb dieser Arbeit werden die Prozesse eines Unternehmens in die Geschäftsprozesse Produktentwicklung, Auftragsabwicklung, Vertriebsprozeß und Dienstleistungsprozesse untergliedert. Die Dienstleistungsprozesse umfassen die Bereiche EDV, Finanzen/Controlling, Personalmanagement und Qualitätsmanagement. Das Referenzmodell ist in Bild 6-11 dargestellt.

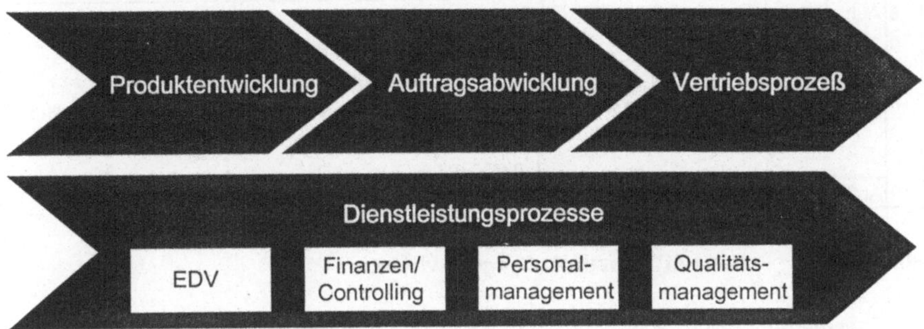

Bild 6-11   **Referenzmodell mit den entsprechenden Geschäftsprozessen**

Entsprechend dem Kapitel 2.3 "Auftragsabwicklungsprozeß" wird weiterhin der Geschäftsprozeß Auftragsabwicklung betrachtet.

6.1.2 Aufgabenbedarfsermittlung

Ziel der Aufgabenbedarfsermittlung ist die systematische Erfassung und Strukturierung der Prozesse und Aufgaben im Unternehmen /Nau93, S. 183/. Bei der Erfassung und Strukturierung der Unternehmensprozesse geht man von der Zielsetzung des Unternehmens aus und zerlegt den Unternehmensprozeß in Geschäfts-, Haupt- und Teilprozesse mit ihren Einzeltätigkeiten. Die dadurch gewonnene Transparenz stellt die Datenbasis für eine spätere Zuteilung der Aufgaben an die entsprechenden Organisationseinheiten dar.

Dabei gilt es, die Gesamtaufgaben und die Teilaufgaben für ein Unternehmen zu ermitteln und im aufgestellten Unternehmensmodell abzubilden. Bei der Ermittlung und Strukturierung der Prozesse sind folgende Grundsätze zu beachten:

- Eine Prozeß darf nur nach einem einzigen Gliederungskriterium aufgeteilt werden. Die Unterteilung erfolgt entweder nach Größe oder Verwendungszweck.

- Die Summe der Inhalte der Einzeltätigkeiten muß gleich dem Inhalt der Teilprozesse sein.

- Die Aufgliederung eines Teilprozesses sollte in der Regel nicht mehr als vier bis sechs Einzeltätigkeiten enthalten. Bei einer zu detaillierten Strukturierung besteht die Gefahr, daß die Übersichtlichkeit und Transparenz verlorengeht.

Das folgende Beispiel, dargestellt in Bild 6-12, illustriert die ersten fünf Teilprozesse des Geschäftsprozesses Auftragsabwicklung.

	Teilprozesse	Einzeltätigkeiten
1	Auftrag registrieren	Auftrag registrieren
2	Klärung der Auftragsdaten	Kundennummer heraussuchen
3		Kundenwunschtermin erfassen
4		Modellnummer und Artikelnummer prüfen
5	Auftrag in EDV anlegen	Artikel-Nr. und Wunschtermin eingeben
6		Verbuchen des Kundenauftrags, AB-Nr. eingeben
7		Umsetzung des Kundenauftrags in Normal-Betriebsauftrag
8	Ermittlung des realen Liefertermins	Materialverfügbarkeitsprüfung, Teileverfügbarkeitsprüfung
		Montagekapazitätsabgleich, Berechnung des
9		Liefertermins
10	Auftragsbestätigung verschicken	Auftragsbestätigung verschicken

Bild 6-12   Geschäftsprozeß Auftragsabwicklung

Dabei werden die Teilprozesse "Auftrag registrieren", "Klärung der Auftragsdaten", "Auftrag in EDV anlegen", "Ermittlung des realen Liefertermins" und "Auftragsbestätigung verschikken", wenn möglich, weiter in sinnvolle Einzeltätigkeiten aufgespalten. Entsprechend derselben Vorgehensweise werden Hauptprozesse in Teilprozesse oder ein Geschäftsprozeß in Hauptprozesse aufgeteilt.

Je nach Problemstellung ist es durchaus möglich, entweder eine Top-down-Analyse oder eine Bottom-Up-Analyse vorzunehmen. Es besteht auch die Möglichkeit, zunächst alle Teilprozesse zu ermitteln und dann in beiden Richtungen Hauptprozeß- und Einzeltätigkeitsebene weiter zu untersuchen.

Sind die Prozesse wie im obigen Beispiel identifiziert und bis auf die Ebene der Einzeltätigkeiten heruntergebrochen, so muß im nächsten Schritt die Beziehungsermittlung erfolgen.

6.1.3 Beziehungsermittlung

Das Ziel der Beziehungsermittlung ist das Erkennen und Festlegen der logischen und zeitlichen Abhängigkeiten der Einzeltätigkeiten. Grundsätzlich sollen beim Vorgang der Beziehungsermittlung die Freiheitsgrade der Abfolge von Einzeltätigkeiten ermittelt werden. Die Netzplantechnik erscheint hierbei als geeignetes Instrument, diese Abhängigkeiten darzustellen.

6.1.3.1 Netzplantechnik und die Darstellung von Geschäftsprozessen

Im folgenden wird mit Hilfe eines Netzplans der Geschäftsprozeß Auftragsabwicklung modelliert und anhand des einfachen Falls, bei dem nur Ablauf und Zeitdauer bestimmt sind, betrachtet. Frühestmögliche oder spätestzulässige Zeitpunkte und Pufferzeiten werden weder berücksichtigt noch berechnet.

Als Darstellungsform wurde die Metra-Potential-Method gewählt. Als Vorgangsknotendarstellung besitzt sie einige Vorteile gegenüber den beiden anderen Darstellungsarten. Die wesentlichsten Vorteile für die in dieser Arbeit zu lösende Problemstellung sind im folgenden dargestellt:

- Einzeltätigkeiten sind Vorgänge und können ohne Probleme übernommen werden.

- Ebenso sind die dazugehörigen Attribute, wie Dauer, Anfangs- und Endzeitpunkt einfach, übersichtlich und vor allem leicht änderbar in den Vorgangsknoten abgelegt.

- Die Pfeile (Flüsse) enthalten die Informationen über den Ablauf des Geschäftsprozesses.

6.1.3.2 Strukturplanung

Ziel der Strukturplanung ist die Identifikation von Vorgängen und die Durchführung der erforderlichen Zeitplanung. Die Vorgehensweise dieser beiden Punkte erfolgt im Anschluß.

Identifikation von Vorgängen

Zum einen gibt es die Möglichkeit, die Beziehungen zwischen den Einzeltätigkeiten als Netzplan[42] graphisch darzustellen, vgl. Bild 6-13. Zum anderen kann dieselbe Information in Form einer Adjazenzmatrix, vgl. Bild 6-14, veranschaulicht werden. Zur weiteren Bearbeitung der Informationen ist dies wesentlich zweckmäßiger.

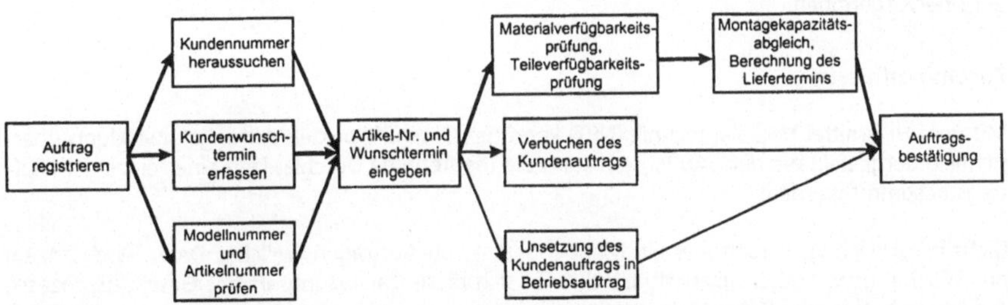

Bild 6-13   **Einzeltätigkeiten als Netzplan**

Die Zeilen und Spalten entsprechen dabei den jeweiligen Knoten. Gibt es einen Fluß zwischen zwei Knoten, so steht in der Zeile des Starknotens und in der Spalte des Zielknotens eine 1. Gibt es keinen Fluß, ist der Wert 0.

---

[42] Anmerkung zur Erstellung des Netzplans:
Name der Einzeltätigkeit (im Vorgangsknoten dargestellt) und Vorgänger/Nachfolger - Beziehungen (durch Pfeile dargestellt) sind Informationen aus der Strukturplanung. Weitere Informationen des Vorgangsknotens sind Elemente der Zeitplanung.

	1	2	3	4	5	6	7	8	9	10
1	0	1	1	1	0	0	0	0	0	0
2	0	0	0	0	1	0	0	0	0	0
3	0	0	0	0	1	0	0	0	0	0
4	0	0	0	0	1	0	0	0	0	0
5	0	0	0	0	0	1	1	1	0	0
6	0	0	0	0	0	0	0	0	0	1
7	0	0	0	0	0	0	0	0	0	1
8	0	0	0	0	0	0	0	0	1	0
9	0	0	0	0	0	0	0	0	0	1
10	0	0	0	0	0	0	0	0	0	0

Bild 6-14   Adjazenzmatrix Einzeltätigkeiten

Zeitplanung

In diesem Beispiel wird nur eine vereinfachte Form der Zeitplanung betrachtet. Daher interessieren allein die Dauer der Einzeltätigkeiten und der kritische Pfad[43], aus welchem die theoretische Durchlaufzeit eines Auftrags ablesbar ist. Die Durchlaufzeit ist die Differenz zwischen dem Endzeitpunkt (Endzeitpunkt des Vorgangs/Einzeltätigkeit Montage) und dem Anfangszeitpunkt (Anfangszeitpunkt des Vorgangs /Einzeltätigkeit Auftrag registrieren). Der kritische Pfad ist in Bild 6-13 hervorgehoben.

Zusammenfassung:

Mit dem Hilfsmittel Netzplantechnik (NPT) kann der Geschäftsprozeß Auftragsabwicklung übersichtlich dargestellt werden. Außerdem kann die theoretische Durchlaufzeit eines einzelnen Auftrags bestimmt werden.

Nicht berücksichtigt wird bisher ein Mengengerüst von Aufträgen, welches Daten über Anzahl pro Woche, usw. enthält. Deshalb beschränkt sich diese Darstellungsart der Geschäftsprozesse auf eine rein statische Betrachtungsweise.

6.1.3.3 Abbildung der Aufgabenablaufstruktur

Grundlage der Optimierung von Geschäftsprozessen ist eine Modellierung, die alternative Prozesse zuläßt und beschreibt. Der Netzplan, wie er im vorherigen Abschnitt beschrieben wurde, ist ein solches Modell. Jedoch müssen an dieser Stelle einige Ergänzungen und Erläuterungen hinzugefügt werden, um den Zusammenhang und besonders den Übergang von Modellierung und Optimierung zu verdeutlichen.

In seiner bisherigen Form enthält der Netzplan nur Information darüber, welcher Vorgang vor einem anderen Vorgang abgeschlossen sein muß, um selbst beginnen zu können. Interessant für die Optimierung ist jedoch, wie man innerhalb dieser Randbedingungen Vorgänge parallel oder sequentiell abarbeiten kann. Dazu müssen alle möglichen Übergänge zwischen den einzel-

---

[43] Anmerkung:
Der kritische Pfad ist unter folgender Annahme in dieser Form richtig:
Alle Einzeltätigkeiten besitzen die gleiche Zeitdauer.

nen Vorgängen bekannt sein. Diese Information ist grundsätzlich schon im Netzplan und in der Adjazenzmatrix enthalten.

Eine Adjazenzmatrix A_{Matrix} mit n Knoten wird wie folgt abgebildet:

$$A_{Matrix} = \begin{pmatrix} a_{11} & .. & .. & a_{1n} \\ .. & .. & .. & .. \\ .. & .. & .. & .. \\ a_{n1} & .. & .. & a_{nn} \end{pmatrix} = (a_{ij}) \quad , \begin{array}{l} 1 \le i \le n \\ 1 \le j \le n \end{array} .$$

$$a \in B = \{1, 0\}$$

a	Kanten
B	Zahlenraum
1	Knoten i ist durch Kante a_{ij} mit Knoten j verbunden.
0	Keine Verbindung.

Modifizierte Darstellung:

Die dargestellte Adjazenzmatrix muß zum Zwecke einer Optimierung explizit ablesbar sein. Um dies zu erreichen, wird zunächst die bisherige Darstellung der Adjazenzmatrix modifiziert, damit in der nächsten Phase keine Überschneidungen der Begriffe auftreten können.

Die modifizierte Adjazenzmatrix A_{Matrix} mit n Knoten wird wie folgt abgebildet:

$$A_{Matrix} = \begin{pmatrix} a_{11} & .. & .. & a_{1n} \\ .. & .. & .. & .. \\ .. & .. & .. & .. \\ a_{n1} & .. & .. & a_{nn} \end{pmatrix} = (a_{ij}) \quad , \begin{array}{l} 1 \le i \le n \\ 1 \le j \le n \end{array} .$$

$$a \in B = \{0, x, \{\}\}$$

0	Knoten i ist durch Kante a_{ij} mit Knoten j verbunden.
B	Zahlenraum
X	Ein Knoten ist niemals mit sich selbst verbunden.
{}	Kein Eintrag bedeutet, diese Verbindung wird hier nicht spezifiziert.

Für das Beispiel des Auftragsabwicklungsprozesses ergeben sich die in Bild 6-15 dargestellten Veränderungen.

	1	2	3	4	5	6	7	8	9	10
1	0	1	1	1	0	0	0	0	0	0
2	0	0	0	0	1	0	0	0	0	0
3	0	0	0	0	1	0	0	0	0	0
4	0	0	0	0	1	0	0	0	0	0
5	0	0	0	0	0	1	1	1	0	0
6	0	0	0	0	0	0	0	0	0	1
7	0	0	0	0	0	0	0	0	0	1
8	0	0	0	0	0	0	0	0	1	0
9	0	0	0	0	0	0	0	0	0	1
10	0	0	0	0	0	0	0	0	0	0

	1	2	3	4	5	6	7	8	9	10
1	x	0	0	0						
2		x		0						
3			x	0						
4				x	0					
5					x	0	0	0		
6						x				0
7							x			0
8								x	0	
9									x	0
10										x

Bild 6-15   **Übergang zur modifizierten Adjazenzmatrix**

Mit der modifizierten Adjazenzmatrix als Grundlage sollen nun alle möglichen Übergänge zwischen Vorgängen ermittelt und explizit dargestellt werden. Dieses Ergebnis ist in einer **Verbindungsmatrix** festzuhalten. Der Aufbau dieser Verbindungsmatrix wird im folgenden hergeleitet und beschrieben.

Definition und Aufbau einer Verbindungsmatrix

Grundsätzlich gibt es zwei Klassen *unterschiedlicher* Verbindungen zwischen den Vorgängen. Zum einen gibt es die festgelegten Vorgänger- bzw. Nachfolger-Beziehungen, die zugleich auch mögliche Verbindungen darstellen und als Verbindung der Klasse 1 bezeichnet werden. Zum anderen können aus diesen weitere mögliche Verbindungen abgeleitet werden, die als Verbindung der Klasse 2 bezeichnet werden.

Verbindungen der Klasse 1:

Verbindungen der Klasse 1 sind einseitig, d.h. sie gelten nur **in eine Richtung**. Die Vorgänger- bzw. Nachfolger-Beziehung legt dies fest. Diese Verbindungen sind unmittelbar aus der Adjazenzmatrix zu entnehmen.

Dies bedeutet in unserem Beispiel, daß die Einzeltätigkeit "Kundennummer heraussuchen" erst beginnen kann, wenn die Einzeltätigkeit "Auftrag registrieren" erledigt ist. Deshalb kann es nur eine Verbindung von "Auftrag registrieren" zu "Kundennummer heraussuchen" geben, niemals aber von "Kundennummer heraussuchen" zu "Auftrag registrieren".

Verbindungen der Klasse 2:

Verbindungen der Klasse 2 sind **zweiseitig**, d.h. die **Reihenfolge** der beteiligten Vorgänge **darf vertauscht werden**. In einer Verbindungsmatrix sind die entsprechenden Felder also symmetrisch zur Hauptdiagonalen angeordnet.

Dies bedeutet in unserem Beispiel, daß die Einzeltätigkeit "Kundennummer heraussuchen" beginnen kann, wenn die Einzeltätigkeit "Kundenwunschtermin erfassen" erledigt ist. Es ist aber auch möglich, daß zuerst der Kundenwunschtermin erfaßt und erst dann die Kundennummer herausgesucht wird. Darüber hinaus besteht die Möglichkeit, daß die beiden Vorgänge parallel ablaufen, d.h. daß keine Verbindung zwischen den Vorgängen existiert.

Ein entsprechendes Lösungsverfahren wurde im Rahmen dieser Arbeitet aufgestellt und realisiert. Wie schon dargestellt, ist das Ergebnis dieser Betrachtung eine Verbindungsmatrix (V_{Matrix}). Eine Verbindungsmatrix mit n Knoten läßt sich wie folgt beschreiben:

$$V_{Matrix} = \begin{pmatrix} v_{11} & .. & .. & v_{1n} \\ .. & .. & .. & .. \\ .. & .. & .. & .. \\ v_{n1} & .. & .. & v_{nn} \end{pmatrix} = (v_{ij}) \quad , \begin{matrix} 1 \leq i \leq n \\ 1 \leq j \leq n \end{matrix} \cdot$$

$v \in B = \{0,1,2\}$

0   Es existiert keine mögliche Verbindung zwischen den Knoten i und j.

1   Es existiert eine mögliche Verbindung der Klasse 1 zwischen den Knoten i und j.

2   Es existiert eine mögliche Verbindung der Klasse 2 zwischen den Knoten i und j.

Für das Beispiel des Auftragsabwicklungsprozesses aus Kapitel 6.1.3.1 ergibt sich damit die folgende Verbindungsmatrix:

	1	2	3	4	5	6	7	8	9	10
1	X	1	1	1						
2		X	2	2	1					
3		2	X	2	1					
4		2	2	X	1					
5					X	1	1	1		
6						X	2	2	2	1
7						2	X	2	2	1
8						2	2	X	1	
9						2	2		X	1
10										X

Bild 6-16   **Einzeltätigkeiten: Verbindungsmatrix**

In dieser Verbindungsmatrix sind alle möglichen Verbindungen zwischen den einzelnen Vorgängen innerhalb eines Prozesses abgebildet. Somit ist es grundsätzlich möglich, jeden beliebigen

Ablauf aus der Verbindungsmatrix abzuleiten, insofern er die Randbedingungen ("constraints"), die durch den Netzplan bzw. die Adjazenzmatrix vorgegeben sind, erfüllt. Der Lösungsraum, welcher durch die Verbindungsmatrix repräsentiert wird, ist also vollständig.

6.2 Modell der Prozeßbewertung

6.2.1 Lösungsansatz

Der Lösungsansatz erweitert das vorausgegangene Unternehmensreferenzmodell um die Objekte des genetischen Algorithmus und beschreibt die Bewertungsfunktion.

Die Evolution stellt aus der Sicht des Informatikers, des Mathematikers und des Technikers ein extrem leistungsstarkes Optimierungsverfahren dar /Sch94b/. Vernachlässigt man Details, so beruht der von der Evolution durchgeführte Suchprozeß auf drei einfachen Prinzipien:

- der Mutation des Erbgutes (sprunghaft auftretende Änderung eines erblichen Merkmals),

- der Rekombination der Erbinformation (Crossover) und

- der Selektion entsprechend der Tauglichkeit eines Individuums.

Die Evolution kombiniert dabei ungerichtete Suchprozesse mit gerichteten. Die Mutation des Erbgutes ist ein ungerichteter Prozeß, dessen Sinn einzig in der Erzeugung von Varianten und Alternativen liegt. Aus der Sicht der Optimierungstheorie kommt der Mutation die Aufgabe zu, lokale Optima zu überwinden. Durch zufällige Veränderungen des Erbgutes wird ein Einpendeln der Evolution bei suboptimalen Lösungen verhindert.

Die Rekombination, bezeichnet als Crossover, liegt hinsichtlich ihres Beitrages zur Evolution quasi zwischen der Mutation und der Selektion. Die Stellen, an denen ein Crossover zwischen homologen Chromosomen stattfindet, werden, davon geht man aus, zufällig bestimmt. Die eigentliche Rekombination der Gene erfolgt dann jedoch nicht mehr zufällig. Es werden lange Ketten unter den Chromosomen ausgetauscht. Dabei werden nahe beieinanderliegende Gengruppen seltener getrennt als weiter auseinanderliegende. Die Rekombination bewirkt damit zwar ein zufälliges Mischen des Erbgutes, sie folgt aber gewissen statistischen Gesetzmäßigkeiten.

Die Selektion ist für die eigentliche Steuerung der Evolution verantwortlich. Sie bestimmt die Richtung, in die sich das Erbgut verändert, indem sie festlegt, welche Individuen sich stärker vermehren und welche weniger stark.

Betrachtet man, wie es in dieser Arbeit getan wird, die Evolution als einen Suchprozeß im Raum der genetischen Rekombinationsmöglichkeiten, so wird verständlich, weshalb die Natur nicht gerade mit Individuen geizt, denn soll sich eine Art an veränderte Lebensbedingungen anpassen, so ist die Meßlatte in der Regel die Zeit. Folglich gibt es für eine möglichst effiziente Optimierungsstrategie im wesentlichen nur zwei Alternativen: entweder werden die Generationsfolgen sehr kurz gehalten, damit sich die Individuen in der Generationsfolge schnell den verändernden Bedingungen anpassen können, oder es werden jeweils möglichst viele Individuen zur gleichen Zeit erzeugt, so daß auf diese Weise die benötigte Evolutionszeit minimiert wird.

Die Evolution folgt vermutlich einer annähernd optimalen Kombination dieser beiden Strategien. Die bei fast allen Arten unterschiedliche Kombination von Reproduktionszeit und Reproduktionsquote bewirkt im Sinne klassischer Suchstrategien eine gekoppelte Tiefen- und Breitensicht bzw. eine Kombination aus serieller und paralleler Suche.

Die Parallelisierbarkeit der evolutionären Suche ist besonders interessant und wichtig. Indem jeweils mehrere Individuen der gleichen Art zur gleichen Zeit leben, werden diese simultan auf ihre Tauglichkeit getestet. Damit ist es der Evolution möglich, den hochdimensionalen Suchraum der genetischen Mannigfaltigkeit simultan von mehreren Punkten aus zu durchsuchen. Dies spart Zeit, erhöht die Wahrscheinlichkeit, optimale Punkte zu erreichen, und reduziert gleichzeitig die Wahrscheinlichkeit, suboptimale Pfade zu verfolgen, also auf lange Zeit fehlgeleitet zu werden.

Die Evolution kann demnach wohl mit Recht als ein effizientes Suchverfahren betrachtet werden. Sie kombiniert gerichtete und ungerichtete Suchstrategien sowie serielle und parallele Suchprozesse miteinander. Die Parallelisierbarkeit macht die Evolution zum geeigneten Modell für die Optimierung auf modernen, leistungsstarken Parallelrechnern.

6.2.2 Zielfunktion

Die Zielfunktion ergibt sich aus der Bewertung des Unternehmensmodells hinsichtlich der drei Kriterien Kosten, Qualität und Zeit. Durch eine Gewichtung der drei Zielkriterien untereinander kann eine gezielte Ausrichtung der Prozesse erfolgen, z.B. ein rein nach Kostengesichtspunkten optimierter Ablauf.

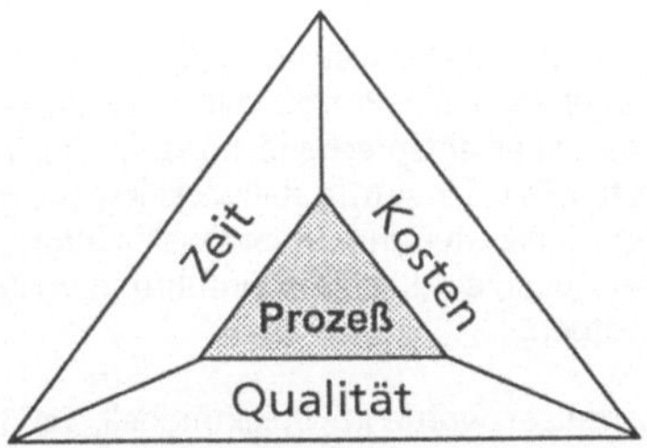

Bild 6-17   **Hauptzielgrößen der prozeßorientierten Ablaufgestaltung /Ev96, S.27/, /Ev97, S.48/**

6.2.2.1 Bewertungskriterien

Die Bewertungskriterien für die Prozeßoptimierung, wie in Bild 6-18 dargestellt, entsprechen den Kennzahlen des Objektmodells. Nachdem festgelegt wurde, welche Einzeltätigkeiten auszuführen sind, ist gezielt die Optimierung der Flüsse anzugehen. Hieraus leitet sich die folgende Aufgabenstellung ab: wie können die gegebenen Einzeltätigkeiten in einer optimalen Reihenfolge abgearbeitet werden? Eine optimale Reihenfolge erfüllt die Zielfunktion hinsichtlich niedriger Kosten, hoher Qualität und kurzer Durchlaufzeit unter den ermittelten Lösungsalternativen am besten. Daher müssen auch die Bewertungskriterien hinsichtlich der Flüsse analysiert, modelliert und festgelegt werden.

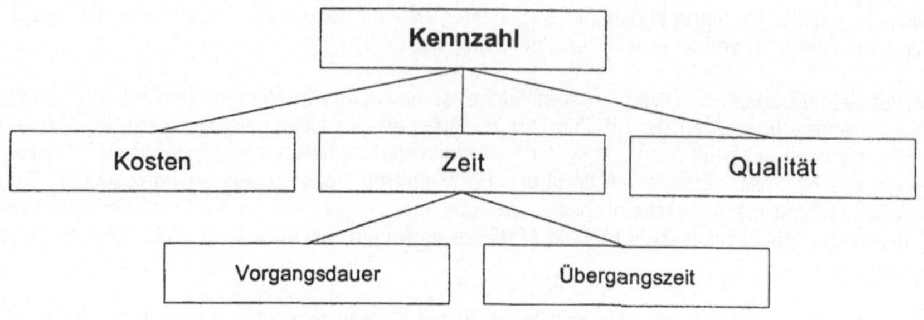

Bild 6-18   **Kennzahlenbasierte Bewertungskriterien**

Im folgenden wird entsprechend Bild 6-18 der Lösungsansatz für die einzelnen Kriterien abgeleitet und die Bewertungsfunktionen zur Kennzahlenermittlung vorgestellt.

Bewertungsfunktion der Kennzahl Kosten

Als erstes wird das Bewertungskriterium Kosten betrachtet. Zur Bewertung monetärer Auswirkungen werden nicht quantitative Faktoren herangezogen, weil eine Kostenerfassung auf dieser Basis von einem absoluten Istkostenzustand ausgeht. Im Rahmen der Prozeßoptimierung soll genau an diesen absoluten Prozeßkosten angesetzt werden.

Als Lösungsansatz wird deshalb die Kostenauswirkung indirekt über die zur Prozeßausführung erforderliche Qualifikation abgebildet. Ein Prozeß mit einer hohen Qualifikationsanforderung erfordert einen Mitarbeiter mit einer entsprechend höheren Qualifikation und höheren Personalkosten. Für den betrachteten Fall der Auftragsabwicklung hängt die Prozeßausführung insbesondere von dem einzelnen Mitarbeiter und seiner Qualifikation ab. Bei kapitalintensiven Prozessen kann der Lösungsansatz jederzeit durch die Einführung weiteren Qualifikationsprofile für die Betriebsmittel erweitert werden.

Zur Umsetzung des Lösungsansatzes wurde im Objektmodell, vgl. hierzu Bild 6-7, Bild 6-8 und Bild 6-10, einem Prozeß ein Vorgang zugeordnet, der außer durch seine Zeitdauer auch durch eine erforderliche Qualifikation definiert und beschrieben ist.

Das Bewertungskriterium Kosten bewirkt, daß Prozesse[44] gleicher Qualifikation möglichst hintereinander abgearbeitet werden. Es gilt weiter, daß der Qualifikationsunterschied vom betrachteten Prozeß zum nachfolgenden Prozeß möglichst gering sein sollte, um Sprünge und damit Risiken zu vermeiden. Ergebnis ist ein Ablauf, in dem ein und derselbe Mitarbeiter mit der erforderlichen Qualifikation diese Prozesse hintereinander bearbeitet. Das Qualifikationsprofil wird in drei Stufen eingeteilt und kann je nach Problemstellung weiter detailliert werden.

Die Bewertungsfunktion für die Kosten F_{Kosten} stellt sich wie folgt dar:

$$F_{Kosten} = a_{Kosten} * (Q_{max} - |Q_{erforderlich\_Prozeß} - Q_{erforderlich\_Nachfolger-Prozeß}|)$$

---

[44] Prozesse können nach der Definition in Bild 6-2 Einzeltätigkeiten, Teilprozesse, Hauptprozesse oder Geschäftsprozesse sein.

mit

$$Q \in \{1,2,3\}$$ Qualifikation in drei Stufen eingeteilt

Zur Veranschaulichung der Qualifikationsstufen werden den Werten $Q \in \{1,2,3\}$ Qualifikationsmerkmale zugeordnet. Die Stufe 1 entspricht einer angelernten Kraft, die Stufe 2 einem Mitarbeiter mit Basiskenntnissen und die Stufe 3 einem Experten.

a_{Kosten} = Ausgleichsfaktor für die Kosten

$Q_{erforderlich\_Prozeß}$ = erforderliche Qualifikation eines Prozesses, wie z.B. Einzeltätigkeit

$Q_{erforderlich\_Nachfolger-Prozeß}$ = erforderliche Qualifikation eines nachfolgenden Prozesses

Q_{max} = maximale Qualifikation, hier 3

Ziel der Bewertungsfunktion für die Kosten F_{Kosten} ist es, einen maximalen Wert anzunehmen. Der genetische Algorithmus betrachtet zur Auswahl eines Ablaufs die über die Bewertungsfunktion berechneten Werte. Er wählt den Ablauf mit dem höchsten Wert aus einer Population aus.

Der Ausgleichsfaktor für die Kosten sorgt dafür, daß die einzelnen Bewertungsfunktionen im gleichen Verhältnis zueinander stehen. Dadurch wird vermieden, daß ein einzelnes Bewertungskriterium zu stark ins Gewicht fällt. Der Ausgleichsfaktor wird automatisch ermittelt, indem für die Bewertungsfunktionen die maximalen Werte berechnet werden, und diese Werte durch den Ausgleichsfaktor alle auf eine gleiche Größenordnung, wie z.B. 1000, eingestellt werden.

Bewertungsfunktion der Kennzahl Qualität

Da die Geschäftsprozeß-FMEA (Geschäftsprozeß-Fehler-Möglichkeits- und Einfluß-Analyse) in ihrem Kern eine Methode ist, die universell angewandt werden kann, erfolgt die Bewertung der Qualität mit ihrer Hilfe /HoUr90/. Eine FMEA besteht aus drei aufeinander aufbauenden Bestandteilen:

- Risikoanalyse

- Risikobewertung

- Optimierung

Bei der Risikoanalyse untersucht der Organisator zwei aufeinanderfolgende Prozesse auf mögliche Fehler. Unter Berücksichtigung möglicher Maßnahmen zur Fehlerreduzierung wird im Anschluß an die Risikoanalyse eine Risikobewertung durchgeführt. Diese Risikobewertung dient der Quantifizierung der jeweiligen potentiellen Risiken. Ergebnis ist eine sogenannte Risikoprioritätszahl.

Diese Risikoprioritätszahl ermöglicht dann im Rahmen der Geschäftsprozeßoptimierung eine nach Prioritäten geordnete Aufstellung aufeinanderfolgender Prozesse. Anhand dieser Aufstellung kann eine Bewertung eines Geschäftsprozesses durchgeführt werden.

Bei der Ermittlung der Risikoprioritätszahl werden die folgenden drei Kriterien berücksichtigt:

- Wahrscheinlichkeit des Auftretens von Fehlerursachen und Fehlern,

- Wahrscheinlichkeit der Entdeckung von aufgetretenen Fehlerursachen und Fehlern, bevor der Kunde das Produkt erhält,

- die Bedeutung der Fehlerfolgen (Auswirkung auf den Kunden oder das Gut).

Zusätzlich zur Risikoprioritätszahl wird als weiteres Qualitätskriterium der Wechsel von Funktionsbereichen berücksichtigt. Dabei erhält jeder Funktionsbereich, repräsentiert durch einzelne Abteilungen, im Rahmen der Modellierung eine Kennzahl. Eine Konzentration auf vier Funktionsbereiche ergibt ein einfaches überschaubares Modell. Entsprechend werden Funktionsbereichen mit einem hohem Beziehungsgeflecht Kennzahlen zugeordnet, die eine große Differenz ergeben. Diese Differenz der Funktionsbereichskennzahlen gilt dann als zusätzliches Maß zur Bewertung der Qualität innerhalb der Optimierung.

Das Ziel der Bewertungsfunktion hinsichtlich der Qualität $F_{Qualität}$ ist es, einen möglichst maximalen Wert einzunehmen.

Die Bewertungsfunktion $F_{Qualität}$ stellt sich wie folgt dar:

$$F_{Qualität} = a_{RPZ} * (RPZ_{max} - RPZ) + a_{Abteilungswechsel} * \left| A_{Abteilung(Prozeß)} - A_{Abteilung(Nachfolger-Prozeß)} \right|$$

mit

a_{RPZ} = Ausgleichsfaktor für die Qualität (RPZ)

RPZ = Risikoprioritätszahl

RPZ_{max} = Maximaler Wert der Risikoprioritätszahl

$RPZ = AW * EW * BF$

AW = Auftretenswahrscheinlichkeit

EW = Entdeckungswahrscheinlichkeit

BF = Bedeutung von Fehlerfolgen

Aus jedem dieser Kriterien werden in einem ersten Schritt die Bewertungsziffern ermittelt, die üblicherweise zwischen 1 und 10 liegen. 1 bedeutet ein geringes Fehlerrisiko und 10 ein sehr hohes Fehlerrisiko. Anschließend werden die Bewertungsziffern miteinander multipliziert, welche die Risikoprioritätszahl RPZ ergeben, deren maximaler Wert RPZ_{max}=1000 ist /HoMa89/.

$a_{Abteilungswechsel}$ = Ausgleichsfaktor für die Qualität (Abteilungswechsel)

$A_{Abteilung(Prozeß)}$ = Kennzahl Prozeß (Einzeltätigkeit)

$A_{Abteilung(Nachfolger-Prozeß)}$ = Kennzahl nachfolgender Prozeß (Einzeltätigkeit)

Die Ermittlung von Ausgleichsfaktoren erfolgt entsprechend der Vorgehensweise bei der Bewertungsfunktion hinsichtlich der Kosten.

Bewertungsfunktion der Kennzahl Zeit

Mit der Bewertungsfunktion der Zeit werden zwei Ziele verfolgt. Zum einem soll die Prozeß-
durchlaufzeit bzw. die Übergangszeiten minimiert werden. Zum anderen soll, bei möglichen
parallelen Prozessen mit stark unterschiedlichen Vorgangsdauern eine Harmonisierung durchgeführt werden. Harmonisierung bedeutet, daß die Parallelprozesse nahezu zeitgleich den Kno-
tenpunkt erreichen.

Entsprechend diesen beiden Zielsetzungen wird die Bewertungsfunktion hinsichtlich Zeit repräsentiert durch eine Funktion Übergangszeit $F_{Übergangszeit}$ und eine Funktion Vorgangsdauer
$F_{Vorgangsdauer}$. Zunächst soll die Funktion Übergangszeit und anschließend die Funktion Vorgangsdauer vorgestellt werden.

Zur Ermittlung der Funktion Übergangszeit $F_{Übergangszeit}$ wird auf die im Objektmodell, Bild 6-10,
vorgestellten Koordinaten der Betriebsmittel zurückgegriffen. Die Funktion Übergangszeit wird
somit nicht in absoluter Zeit betrachtet. Vielmehr wird die Möglichkeit, daß einem Prozeß eine
Standortressource mit xyz-Koordinaten zugeordnet wird, geschickt genutzt. Eine geringe Differenz der Koordinaten zweier aufeinanderfolgender Prozesse stellt eine geringe räumliche Tren-
nung dar. Entsprechend ist die Übergangszeit dieser Prozesse gering.

Analog zur Bewertungsfunktion hinsichtlich der Kosten sollte die Funktion Übergangszeit
$F_{Übergangszeit}$ einen maximalen Wert annehmen. Sie stellt sich wie folgt dar:

$$F_{Übergangszeit} = a_{Übergangszeit} * \left(\sqrt{(x_{max} - x_{min})^2 + (y_{max} - y_{min})^2 + (z_{max} - z_{min})^2} \right.$$

$$\left. - \sqrt{(x_{Standort(Prozeß)} - x_{Standort(Nachfolger-Prozeß)})^2 + (y_{Standort(Prozeß)} - y_{Standort(Nachfolger-Prozeß)})^2 + (z_{Standort(Prozeß)} - z_{Standort(Nachfolger-Prozeß)})^2} \right)$$

mit

$a_{Übergangszeit}$ $\qquad$ = Ausgleichsfaktor für die Übergangszeit

$x_{Standort(Prozeß)}$ $\qquad$ = x-Koordinate Prozeß, z.B. Einzeltätigkeit

$x_{Standort(Nachfolger-Prozeß)}$ $\qquad$ = x-Koordinate nachfolgender Prozeß, z.B. Einzeltätigkeit

$y_{Standort(Prozeß)}$ $\qquad$ = y-Koordinate Prozeß, z.B. Einzeltätigkeit

$y_{Standort(Nachfolger-Prozeß)}$ $\qquad$ = y-Koordinate nachfolgender Prozeß, z.B. Einzeltätigkeit

$z_{Standort(Prozeß)}$ $\qquad$ = z-Koordinate Prozeß, z.B. Einzeltätigkeit

$z_{Standort(Nachfolger-Prozeß)}$ $\qquad$ = z-Koordinate nachfolgender Prozeß, z.B. Einzeltätigkeit

x_{max} $\qquad$ = maximaler Wert der x-Koordinate

x_{min} $\qquad$ = minimaler Wert der x-Koordinate

...

Die Ermittlung der Ausgleichsfaktoren erfolgt entsprechend der Vorgehensweise bei der Bewertungsfunktion hinsichtlich der Kosten.

Zur Ermittlung der Funktion Vorgangsdauer $F_{Vorgangsdauer}$ wird das im Objektmodell, Bild 6-10, vorgestellte Attribut Vorgangsdauer herangezogen. Die Funktion Vorgangsdauer $F_{Vorgangsdauer}$ stellt sich wie folgt dar:

$$F_{Vorgangangsdauer} = a_{Vorgangsdauer} * \frac{T_{Prozeß}}{T_{Nachfolger-Prozeß}} \qquad \text{, für } T_{Nachfolger-Prozeß} \leq T_{Prozeß}$$

$$F_{Vorgangsdauer} = a_{Vorgangsdauer} * \frac{T_{Nachfolger-Prozeß}}{T_{Prozeß}} \qquad \text{, für } T_{Prozeß} \leq T_{Nachfolger-Prozeß}$$

mit

$a_{Vorgangsdauer}$ = Ausgleichsfaktor für die Vorgangsdauer

$T_{Prozeß}$ = Vorgangsdauer bzw. Zeitdauer für einen Prozeß, z.B. Einzeltätigkeit

$T_{Nachfolger-Prozeß}$ = Vorgangsdauer bzw. Zeitdauer für einen nachfolgenden Prozeß, z.B. Einzeltätigkeit

Ziel der Bewertungsfunktion Vorgangsdauer $F_{Vorgangsdauer}$ ist es, parallele Prozesse zu harmonisieren. Aufeinanderfolgende Prozesse mit einem großen Unterschied der Vorgangsdauern sollten möglichst direkt hintereinander und nicht parallel abgearbeitet werden. Bei einer Parallelbearbeitung müßte der Prozeß mit der kürzeren Vorgangsdauer auf den Prozeß mit der längeren Vorgangsdauer warten. Der Wert $F_{Vorgangsdauer}$ nimmt mit dem Unterschied der Vorgangsdauern zweier aufeinanderfolgender Prozesse zu. Der genetische Algorithmus wählt die Verbindungen mit den größten Werten für die Funktion $F_{Vorgangsdauer}$ aus. Damit ist eine Harmonisierung der Prozesse sichergestellt.

Bewertungsfunktionen hinsichtlich weiterer Kriterien

Zur Bewertung der einzelnen Geschäftsprozesse können weitere unternehmensspezifische Bewertungskriterien berücksichtigt werden. In diesem Fall werden die Synergie, die Wichtigkeit der Prozesse und die Flexibilität zur Bewertung herangezogen. Die Gewichtung der unterschiedlichen Bewertungskriterien erfolgt mit Hilfe der ABC-Analyse. Mit A bewertete Prozesse besitzen für das jeweilige Kriterium die größte Bedeutung, mit B bewertete Prozesse die zweitgrößte Bedeutung und mit C bewerteten Prozesse die geringste Bedeutung.

Synergie   Bei der Betrachtung der Synergie werden die Einzeltätigkeiten bewertet. Hierbei werden ähnliche oder stark von einander abhängige Tätigkeiten miteinander verbunden.

Unternehmensprozeß   Er klassifiziert die Wichtigkeit eines Prozesses hinsichtlich dessen Kernkompetenz und dessen strategischer Bedeutung für das Unternehmen.

Flexibilität   Sie beschreibt den Grad der geforderten Flexibilität für das Unternehmen.

Zusammenführung der einzelnen Bewertungsfunktionen in einer gemeinsamen Zielfunktion:

Zur Bewertung des Gesamtablaufes werden die einzelnen Bewertungsfunktionen zusammengeführt. Die Gesamtbewertungsfunktion ist offen gestaltet, d.h. es können neben den drei Kriterien Zeit, Kosten und Qualität je nach Bedarf und unternehmensspezifischen Anforderungen weitere Bewertungskriterien aufgenommen werden.

Die Zielfunktion $F_{Bewertung}$ hierzu stellt die Summe aller gewichteten Bewertungsfunktionen über alle tatsächlich genutzten Verbindungen dar.

$$F_{Bewertung} = \sum k_{Kosten} * F_{Kosten} + k_{Vorgangsdauer} * F_{Vorgangsdauer} + k_{Übergangszeit} * F_{Übergangszeit} + k_{Qualität} * F_{Qualität} + ..$$

mit

$F_{Bewertung}$ = Zielfunktion eines Individuums

k_{Kosten} = Gewichtungsfaktor Kosten

F_{Kosten} = Bewertungsfunktion Kosten

$k_{Vorgangsdauer}$ = Gewichtungsfaktor Vorgangsdauer

$F_{Vorgangsdauer}$ = Bewertungsfunktion Vorgangsdauer

$k_{Übergangszeit}$ = Gewichtungsfaktor Übergangszeit

$F_{Übergangszeit}$ = Bewertungsfunktion Übergangszeit

$k_{Qualität}$ = Gewichtungsfaktor Qualität

$F_{Qualität}$ = Bewertungsfunktion Qualität

Ziel ist es, daß die Zielfunktion für die gesamte Unternehmensstruktur einen möglichst hohen Wert annimmt, da der genetische Algorithmus den Ablauf mit dem größten Wert auswählt.

Der Unterschied zwischen Ausgleichsfaktor und Gewichtung besteht darin, daß die Ausgleichsfaktoren lediglich für eine Anpassung der Größenordnungen der Werte zwischen den einzelnen Bewertungsfunktionen sorgen, wohingegen die Gewichtungen darüber entscheiden, wie diese Werte in die Zielfunktion einfließen. Deshalb sind Gewichtungen während der Optimierungsphase flexibel anpassbar, während die Ausgleichsfaktoren einmalig ermittelt werden und konstant bleiben.

Durch eine unterschiedliche Gewichtung der Kriterien Kosten, Qualität und Zeit besteht die Möglichkeit, den unterschiedlichen Zielsetzungen eines Geschäftsprozesses gerecht zu werden.

Zum Beispiel kann durch eine 100%-Gewichtung des Kriteriums Zeit der Ablauf mit der kürzesten Durchlaufzeit ermittelt werden.

6.2.2.2 Bewertungsmatrix

Für die Optimierung der Geschäftsprozesse auf der Grundlage eines Modells einer Verbindungsmatrix, wie es im vorherigen Kapitel 6.1.3 "Beziehungsermittlung" beschrieben wurde, sind nur Bewertungskriterien relevant, die sich auf die Übergänge von Prozessen beziehen.

Der Grund dafür ist, daß das Optimierungsverfahren davon ausgeht, daß alle modellierten und damit erfaßten Prozesse für den Ablauf notwendig sind. Auf diese sogenannte Identifizierung der Prozesse wurde bereits in Kapitel 2.3 "Auftragsabwicklungsprozeß" und Kapitel 4.1.2 "Aufgabenbedarfsermittlung" eingegangen. Es werden keine Bewertungskriterien eingeführt, die sich nur auf die Prozesse selbst beziehen. Denn Bewertungskriterien, die sich auf die Prozesse selbst beziehen, sind von der gegenseitigen Verknüpfung der Prozesse unabhängig. In diesem Fall liefert eine solche Bewertung über alle Prozesse, bei unterschiedlichen Abläufen, immer die gleiche Bewertungskennzahl als Ergebnis. Zum Beispiel würde eine Vorgangskennzahl, die die Summe aller Vorgangsdauern darstellt, unabhängig von der Bearbeitungsreihenfolge immer einen konstanten Wert einnehmen.

Die entsprechende Bewertungsmatrix B_{Matrix}, analog zur Verbindungsmatrix in Bild 6-16 auf Seite 87, sieht wie folgt aus:

$$B_{Matrix} = \begin{pmatrix} b_{11} & .. & .. & b_{1n} \\ .. & .. & .. & .. \\ .. & .. & .. & .. \\ b_{n1} & .. & .. & b_{nn} \end{pmatrix} = (b_{ij}) \quad \begin{array}{l} 1 \leq i \leq n \\ 1 \leq j \leq n \end{array}$$

$$b \in B = N$$

mit

b	Bewertung der Verbindung zwischen dem Vorgang i und dem Vorgang j eines Prozesses
B	Zahlenraum
N	Natürliche Zahlen

Im folgenden Bild 6-20 ist das Beispiel einer Bewertungsmatrix für die möglichen Verbindungen innerhalb eines Geschäftsprozesses dargestellt.

	1	2	3	4	5	6	7	8	9	10
1	X	5	7	8						
2		X	2	4	4					
3		5	X	7	3					
4		7	9	X	1					
5					X	8	1	6		
6						X	2	7	9	6
7						5	X	8	1	5
8						1	7	X	3	
9						2	4		X	3
10										X

Bild 6-19   **Beispiel einer Bewertungsmatrix**

In diesem Beispiel besitzt die Verbindung des Vorgangs 1 mit dem Vorgang 2 eines Prozesses den Wert 5. Die Ermittlung der Werte innerhalb der Bewertungsmatrix erfolgt anhand der beschriebenen Zielfunktion $F_{Bewertung}$.

6.3 Prozeßoptimierung

6.3.1 Ablaufoptimierung unter Verwendung eines genetischen Algorithmus

In dieser Arbeit erfolgt die Ablaufoptimierung unter Verwendung eines genetischen Algorithmus. Der Ablauf der Optimierung ist in Bild 6-20 dargestellt.

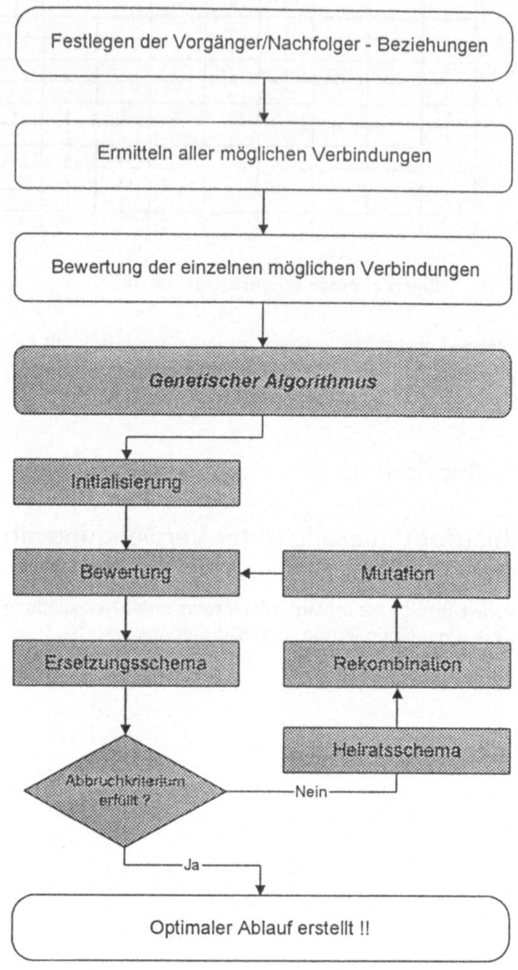

Bild 6-20   **Geschäftsprozeßoptimierung mit Hilfe eines genetischen Algorithmus**

6.3.2 Festlegen der Vorgänger-Nachfolger-Beziehungen

Diese Festlegung wird vom jeweiligen Modellierer getroffen. Dabei stellt sich das Problem, eine übersichtliche und vor allem bearbeitbare Repräsentationsform zu finden. Im Grunde genommen ist eine solche Festlegung nichts anderes als ein gerichteter Graph, bezeichnet als Digraph. Hierin werden einer Aktivität, bezeichnet als Knoten, ein oder mehrere Vorgänger zugeordnet. Die gerichtete Verbindung entspricht einem Bogen.

Zur Darstellung dieser Vorgänger-Nachfolger-Beziehungen wird die übersichtliche Form einer Adjazenzmatrix, wie sie in Bild 6-21 dargestellt ist, herangezogen.

	1	2	3	4	5	6	7	8	9	10	11	12	13	14	15	16
1	x	0	0	0	0											
2		x				0										
3			x			0										
4				x		0										
5					x		0									
6						x	0									
7							x	0	0							
8								x		0	0					
9									x						0	
10										x				0		
11											x		0			
12												x	0			
13													x	0		
14														x		0
15															x	0
16																x

Bild 6-21   **Vorgänger-Nachfolger-Adjazenzmatrix**

Ziel ist es, innerhalb eines Netzplans graphisch festzulegen, welche Aktivitäten bestimmte Vorgänger benötigen. Die Verbindungen der Klasse 1 werden festgelegt. Durch das Ziehen und Löschen von Verbindungen gilt es, die erforderliche Adjazenzmatrix aufzubauen. Der entsprechende Netzplan ist in Bild 6-22 dargestellt.

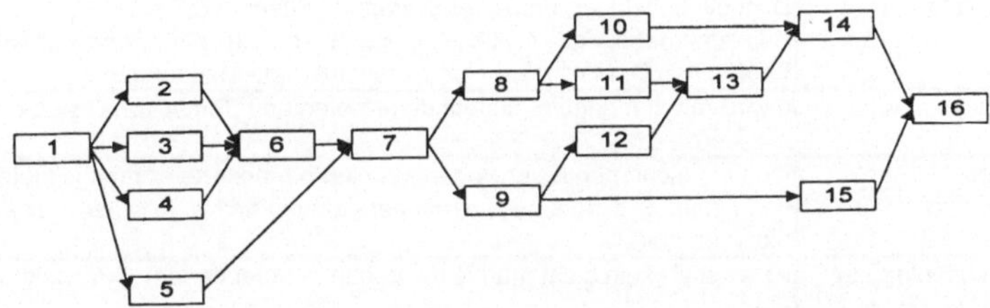

Bild 6-22   **Netzplan zur graphischen Bearbeitung einer Adjazenzmatrix**

6.3.3 Ermitteln aller möglichen Verbindungen

Mit der Ermittlung aller möglichen Verbindungen werden die Beschränkungen des Lösungsraums festgelegt. Durch diese Beschränkungen, auch als Bedingungen oder "constraints" bezeichnet, muß sichergestellt werden, daß jeder Ablauf, der durch die Optimierung generiert wird, nur aus Verbindungen besteht, die auch möglich sind. Das bedeutet, daß keine dieser Verbindungen, für sich alleine betrachtet, im Widerspruch zur Aufgabenstellung steht.

Im folgenden wird erarbeitet, wie diese Verbindungen aus der gegebenen Aufgabenstellung heraus ermittelt werden können. Dazu wird das Prinzip der Erreichbarkeit genutzt (Vergleich hierzu Kapitel 4.1.3.1).

Lösungsansatz:

Der Lösungsansatz besteht darin, die Erreichbarkeit jeder Aktivität innerhalb eines solchen Ablaufs zu überprüfen. Die Grundlage dazu stellt die Graphentheorie mit der Erreichbarkeit bei Digraphen dar. Digraphen sind gerichtete Graphen.

Lösung:

Die Umsetzung des Lösungsansatzes erfolgt durch die Ermittlung der **Klasse 2 Verbindungen**. Verbindungen der Klasse 2 sind zweiseitig, d.h. die **Reihenfolge** der beteiligten Vorgänge **darf vertauscht werden**.

Zwischen zwei Prozessen u und v, im folgenden als Aktivitäten bezeichnet, kann es eine Verbindung geben, insofern die Aktivität v auf keinem der möglichen Wege, von der Anfangsaktivität bis zur Endaktivität, eines Digraphen der Aktivität u liegt.

Zur Umsetzung dieser Regel bedient man sich des Konzepts der Erreichbarkeit. Laut Definition ist ein Knoten *v* eines Digraphen von einem Knoten *u* aus erreichbar, wenn es einen gerichteten Weg in *D* von *u* nach *v* gibt. Einen Algorithmus zur Bestimmung der Erreichbarkeit beschreibt Nolte in "Graphentheorie" /Nol76, S. 75/. Das Grundprinzip dieses Erreichbarkeitsalgorithmus ist in Bild 6-23 dargestellt.

Name	Erreichbarkeit
Voraussetzung:	D ist ein beliebiger, endlicher Digraph, welcher durch eine Adjazenzmatrix oder ähnliches gegeben sei. u ist ein ausgezeichneter Knoten von D; M = {m} sei eine einelementige Markenmenge.
Startbedingung:	u wird mit m markiert, alle übrigen Knoten und Bögen von D sind nicht markiert.
Iteration:	Ist a ein nicht markierter Bogen mit einem markierten Anfangsknoten u und einem Endknoten w, so markiere a und auch w, falls letzterer noch nicht markiert ist.
Abbruchbedingung:	Es existiert kein nicht markierter Bogen mit markiertem Anfangsknoten.
Ergebnis:	Die markierten Knoten sind die von u aus erreichbaren Knoten in D.

Bild 6-23   Erreichbarkeitsalgorithmus

Dieser Algorithmus wird auf alle Aktivitäten angewandt, dabei werden die Markierungen in eine Klasse 2 entsprechende Verbindungsmatrix aufgenommen und zusätzlich an der Hauptdiagonalen gespiegelt[45]. Die nach der Durchführung des Algorithmus und nach der Spiegelung an der Hauptdiagonalen leerstehenden Felder entsprechen den möglichen Verbindungen. Sie werden mit "2" gekennzeichnet.

---

[45] Das Spiegeln einer Matrix an seiner Hauptdiagonalen wird als transponieren bezeichnet.

Das Ergebnis der Erreichbarkeitsanalyse ist eine Verbindungsmatrix, in der Klasse 2 Verbindungen abgelegt sind. Um den gesamten Suchraum des genetischen Algorithmus zu erhalten, muß man noch die Verbindungen der Klasse 1 hinzufügen. Das Beispiel einer Verbindungsmatrix ist in Bild 6-24 dargestellt.

	1	2	3	4	5	6	7	8	9	10	11	12	13	14	15	16
1	x	1	1	1	1											
2		x	2	2	2	1										
3		2	x	2	2	1										
4		2	2	x	2	1										
5		2	2	2	x	2	1									
6					2	x	1									
7							x	1	1							
8								x	2	1	1	2			2	
9								2	x	2	2	1			1	
10									2	x	2	2	2	1	2	
11									2	2	x	2	1		2	
12								2		2	2	x	1		2	
13										2			x	1	2	
14														x	2	1
15								2		2	2	2	2	2	x	1
16																x

Bild 6-24   **Beispiel einer Verbindungsmatrix**

6.3.4 Die Bewertung der einzelnen Verbindungen

Das Erfolgspotential der Optimierung von Geschäftsprozessen wird durch die Bewertung der einzelnen Verbindungen bestimmt. Die Bewertung beinhaltet das gesamte Fachwissen und stellt die Grundlage der Optimierung dar.

Im Rahmen der Optimierung werden die Übergänge zwischen den einzelnen Aktivitäten konzentriert betrachtet. Voraussetzung ist, daß die wesentlichen Aktivitäten bereits identifiziert sind. Der dadurch entstandene Ablauf stellt das zu optimierende Eingangsgeschäftsprozeßmodell dar.

Die Kennzahlen werden in einer Bewertungsmatrix hinterlegt. Grundsätzlich gibt es zwei Möglichkeiten diese Tabelle mit den zur Bewertung benötigten Kennzahlen aufzufüllen.

a) Der Modellierer gibt manuell die erforderlichen Kennzahlen ein. Dabei wird er von einer Benutzerführung unterstützt, welche ihm hilft, diese Werte übersichtlich und vollständig einzugeben.

b) Die Bewertungsmatrizen werden teilweise von einem Algorithmus generiert. Wie und bei welchen Kriterien dies umgesetzt wird, bleibt vorläufig offen.

Beide Lösungsansätze verfolgen die klare Zielrichtung, den Modellierer soweit wie möglich bei der Ermittlung der Bewertungsmatrix zu unterstützen. Es ist denkbar, analog zur Identifikation von Geschäftsprozessen, auch hier mit Hilfe von Referenzmodellen eine Wissensbasis zu erstellen.

6.3.5 Pseudocode genetischer Algorithmus

Der Pseudocode genetischer Algorithmus /Sch94b, S. 200ff/ beschreibt den Verfahrensablauf eines genetischen Algorithmus.

Bild 6-25 zeigt den in dieser Arbeit verwendeten Pseudocode.

---

0. Wähle eine geeignete *Codierung* der Chromosomen.

1. Initialisiere zufällig eine Population von Chromosomen und nenne die Ausgangspopulation Generation 0.

2. Wiederhole, bis Bewertung bzw. Fitneß zufriedenstellend oder Abbruchbedingung (z.B. Generation > 1000) erreicht ist.

3. Bewerte *alle* Elemente der aktuellen Generation gemäß *Bewertungs- und/oder Fitneßfunktion*.

4. Selektiere Paare (oder eine größere Subpopulation) gemäß *Heiratsschema* und erzeuge mittels *Rekombination* (*Crossover*) Nachkommen der aktuellen Generation.

5. *Mutiere* die Nachkommen.

6. Ersetze Elemente der aktuellen Generation durch die Nachkommen gemäß *Ersetzungsschema* und erzeuge so eine neue Generation ("survival of the fittest").

7. Aktualisiere die Abbruchbedingung (z.B. Generationenzähler).

Bild 6-25   **Pseudocode des genetischen Algorithmus**

6.3.5.1 Initialisierung

Während der Initialisierungsphase wird eine erste Population erstellt, d.h. es müssen Individuen, in unserem Fall Abläufe, konstruiert werden. Dabei gilt es, einige Besonderheiten zu beachten, um zu gewährleisten, daß ein derart konstruierter Ablauf eine sinnvolle Lösung darstellt. Dazu müssen drei Bedingungen erfüllt sein.

- Der Ablauf enthält keine Kreise.
- Der Ablauf verletzt nicht den Netzplan.
- Der Ablauf enthält keine redundanten Verbindungen.

Diese drei Bedingungen müssen bei der Konstruktion eines Individuums berücksichtigt werden. Dies führt zu einem Algorithmus mit folgendem Ablauf:

1 Selektiere einen Startknoten.

Als Startknoten kommen alle bereits im Ablauf enthaltenen Knoten in Frage, bei denen alle notwendigen Vorgänger bereits nach links erreichbar sind und für welche auch ein Zielknoten existiert.

2 Selektiere einen Zielknoten.
Als Zielknoten kommen alle Knoten in Frage, die vom Zielknoten aus in der Liste aller möglichen Verbindungen aufgeführt sind und die weiterhin folgende Kriterien erfüllen:

- Die Verbindung vom Start zum Zielknoten erzeugt keinen Kreis, d.h. der Zielknoten ist bereits vom Startknoten aus nach links erreichbar.

- Die Verbindung vom Start zum Zielknoten erzeugt keine Redundanz. Der Zielknoten ist bereits vom Startknoten aus nach rechts über mehr als eine Stufe erreichbar.

- Die Verbindung verletzt nicht den Netzplan.

- Alle notwendigen Vorgänger des Zielknotens existieren.

3 Füge die Verbindung ein.

4 Prüfe, ob der Netzplan noch einhaltbar ist, falls nicht lösche den Ablauf und springe zu **1**.

5 Prüfe, ob der Netzplan nun vollständig erfüllt ist, falls nicht springe zu **1**.

6 Prüfe, ob der Ablauf gültig ist, falls nicht lösche den Ablauf und springe zu **1**.

7 Ende.

Der Algorithmus wird solange wiederholt, bis die gewünschte Anzahl der Abläufe erzeugt worden ist. Die Funktionsweisen der Algorithmen zur Prävention von Kreisen und Netzplanverletzungen und zur Eliminierung von Redundanzen befinden sich im Anhang.

6.3.5.2 Bewertung

Die Bewertung der einzelnen Abläufe, welche zunächst bei der Initialisierung und später auch bei der Rekombination und Mutation entstehen, ist nichts anderes als eine Addition der Kennzahlen aller für den Ablauf ausgewählten Verbindungen, im Vergleich hierzu Kapitel 6.2.2.1.

$$F_{Bewertung} = \sum k_{Kosten} * F_{Kosten} + k_{Zeit} * F_{Zeit} + k_{Qualität} * F_{Qualität}$$

An dieser Stelle wird eine Fitneßfunktion, hier die Proportionale Fitneß, eingeführt, um innerhalb einer Population die Abläufe differenzierter betrachten zu können.

Der Unterschied zwischen Bewertungs- und Fitneßfunktion liegt darin, daß eine Fitneßfunktion immer die ganze Population als Maßstab der Güte eines Ablaufs annimmt. Wohingegen eine Bewertungsfunktion einen Ablauf immer einzeln, isoliert von den anderen Abläufen einer Population betrachtet. Dabei spielt die Fitneßfunktion besonders in Kapitel 6.3.5.3 eine wichtige Rolle.

$$F_{propfit}(i) = \frac{F_{Bewertung\_i}}{\sum_{i=0}^{N} F_{Bewertung\_i}}$$

mit

$F_{propfit}(i)$ = Proportionale Fitneß des Individuums i

$F_{Bewertung\_i}$ = Bewertungsfunktion des Individuums i

$\sum_{i=0}^{N} F_{Bewertung\_i}$ = Summe der Bewertungsfunktionen aller Individuen

mit N = Anzahl der Individuen

6.3.5.3 Ersetzungsschema

Das Ersetzungsschema bestimmt, welche Abläufe in der nächsten Generation erhalten bleiben. In der Literatur finden sich viele Verfahren, weshalb an dieser Stelle nur einige beispielhaft genannt werden.

- Roulette Wheel Selection
- Random Selection
- Lineares Ranking
- (N, μ)-Selection

Für die Aufgabenstellung in dieser Arbeit wurde aus den vier Verfahren die Roulette Wheel Selection ausgewählt. Mit ihr ist das Auffinden globaler Optima mit einer hohen Wahrscheinlichkeit sichergestellt, was mit einer langsameren Konvergenz einhergeht.

Roulette Wheel Selection

Beim Roulette Wheel Auswahlverfahren erhalten Abläufe entsprechend ihrer Fitneß eine Wahrscheinlichkeit, mit welcher sie in die nächste Generation übernommen werden.

Im Detail funktioniert dies folgendermaßen:

- Berechne die Fitneß eines jeden Ablaufes i (siehe Kapitel 6.3.5.2).

$$F_{propfit}(i) = \frac{F_{Bewertung\_i}}{\sum_{i=0}^{N} F_{Bewertung\_i}}$$

- Bestimme die totale Fitneß.

$$F_{totalfit} = \sum_{i=0}^{N} F_{propfit}(i)$$

- Berechne die Wahrscheinlichkeit einer Selektion $p_{selection}(i)$ für jeden Ablauf i.

$$p_{selection}(i) = \frac{F_{propfit}(i)}{F_{totalfit}}$$

- Berechne die kumulierte Wahrscheinlichkeit $q_{selection}(i)$ für jeden Ablauf i.

$$q_{selection}(i) = \sum_{j=1}^{i} p_{selection}(j)$$

Der eigentliche Selektionsprozeß funktioniert ähnlich wie ein Rouletterad, das sich so oft dreht, bis die Anzahl der Abläufe, die in der neuen Population vorhanden sein sollen, ausgewählt wurde:

- Generiere eine Zufallszahl $z \in [0,1]$

Wenn $z < q_{selection}(1)$, dann wähle den ersten Ablauf aus, wenn nicht, wähle den i-ten Ablauf ($2 \le i \le$ N) aus, so daß $q_{selection}(i-1) < z \le q_{selection}(i)$ erfüllt ist (N = Anzahl der Individuen).

Anschaulich ist dieses Verfahren tatsächlich auf ein Rouletterad zurückführbar. Das Rouletterad wird entsprechend den Wahrscheinlichkeiten einer Selektion $p_{selection}(i)$ für jeden Ablauf i aufgeteilt und eine zufällig fallende Kugel wählt einen Ablauf aus. Bild 6-26 stellt schematisch ein Rouletterad mit drei unterschiedlichen Wahrscheinlichkeiten dar.

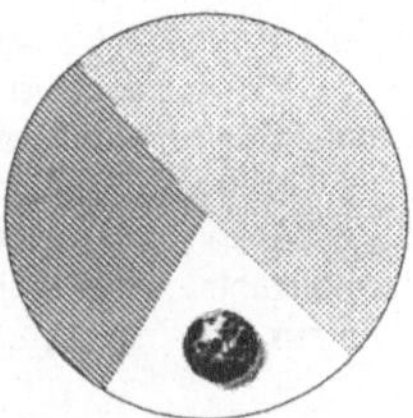

Bild 6-26   **Rouletterad mit drei Möglichkeiten**

6.3.5.4 Abbruchkriterium

Abbruchkriterien legen das Ende eines Optimierungsvorgangs fest. Grundsätzlich gibt es drei Möglichkeiten, Abbruchkriterien zu definieren. Die drei Abbruchkriterien werden in Bild 6-27 dargestellt und kurz beschrieben.

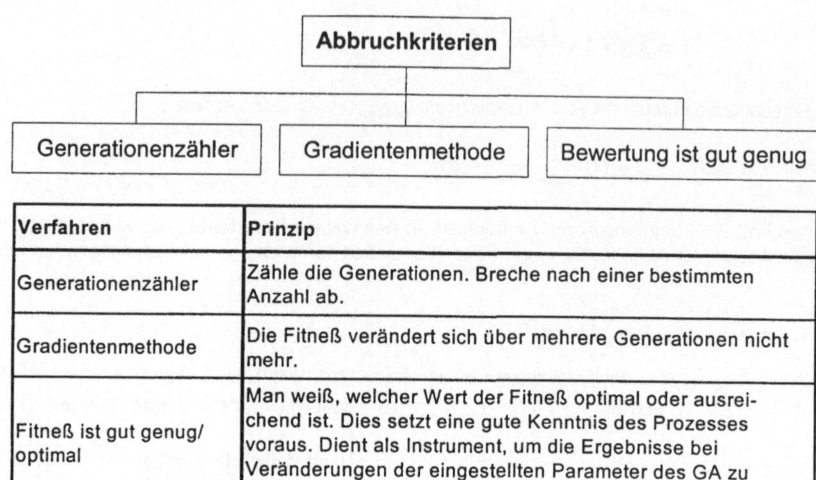

Verfahren	Prinzip
Generationenzähler	Zähle die Generationen. Breche nach einer bestimmten Anzahl ab.
Gradientenmethode	Die Fitneß verändert sich über mehrere Generationen nicht mehr.
Fitneß ist gut genug/ optimal	Man weiß, welcher Wert der Fitneß optimal oder ausreichend ist. Dies setzt eine gute Kenntnis des Prozesses voraus. Dient als Instrument, um die Ergebnisse bei Veränderungen der eingestellten Parameter des GA zu testen.

Bild 6-27   **Abbruchkriterien**

Welches der drei Abbruchkriterien in der Praxis gewählt wird, ist stark von der Aufgabenstellung abhängig. Während der Generationenzähler und der Typ "Fitneß ist optimal" gute Methoden sind, verschiedene Mutations- und/oder Rekombinationsparameter zu testen, ist die Gradientenmethode letztendlich geeigneter, die Optimierung durchzuführen. Wie man erkennen kann, besitzt jede dieser drei Methoden durchaus ihre Anwendungsfelder. Zunächst wurde aber für unsere Problemstellung der Generationenzähler ausgewählt, da er von der Leistungsfähigkeit her am besten geeignet und darüber hinaus am einfachsten zu implementieren ist.

6.3.5.5 Heiratsschema

Das Heiratsschema gibt an, welcher Ablauf mit welchem andern zu "verheiraten", d.h. zu rekombinieren ist. Es werden also zwei Abläufe ausgewählt, die im nächsten Schritt rekombiniert werden (siehe Kapitel 6.3.5.6). Dies kann sowohl zufällig, als auch nach einem festen Schema erfolgen. Wie schon beim Ersetzungsschema kommt das Roulette Wheel Verfahren, einem Verfahren mit Zufallscharakter zum Einsatz.

6.3.5.6 Rekombination

In unserem Fall besteht ein Ablauf aus Knoten und Verbindungen, wobei letztlich die Verbindungen der entscheidende Faktor der Problemrepräsentation sind. Die Funktion der Knoten beschränkt sich lediglich auf das Koppeln von Verbindungen. Es gibt viele Möglichkeiten zu rekombinieren. Eine Möglichkeit ist zum Beispiel das "one-point-crossover". Hier werden die beiden Individuen an einer Stelle (Knoten) abgeschnitten und der jeweilige Rest des anderen Individuums angehängt. Bei einem "two-point-crossover" geschieht dies entsprechend an zwei Stellen (Knoten) usw. /Kinne94 S.76/.

Die prinzipielle Vorgehensweise sieht wie folgt aus:

I. Wähle zufällig eine oder mehrere Stellen der beiden Abläufe (jeweils die gleichen, homologen) aus.

II. Führe ein Crossover an diesen Stellen aus.

III. Schneide die nachfolgenden Stellen frei, bewahre aber deren Verbindungen.

IV. Vertausche entsprechende Teilabläufe.

V. Beim Tausch bleiben die alten Verbindungen bestehen, zusätzlich kommen die neuen Verbindungen hinzu.

VI. Prüfe den neuen Ablauf auf redundante Verbindungen und eliminiere diese.

Diese Vorgehensweise soll anhand eines einfachen Beispiels, einem Ablauf mit 16 Knoten, weiter erläutert werden. Es erfolgt ein "two-point-crossover" an den Stellen 7 und 13.

Es gibt zwei Elternteile: zum einen den rein sequentiellen Ablauf, wie er in Bild 6-28 dargestellt ist, zum anderen den parallelen Ablauf, wie er sich z.B. aus einem Netzplan ergibt und in Bild 6-29 dargestellt ist.

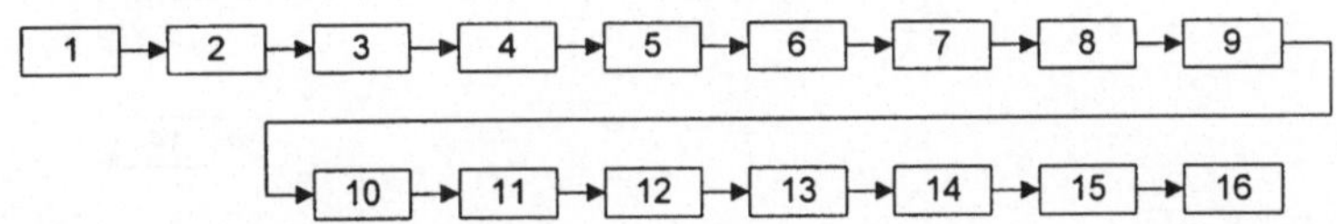

Bild 6-28   **Sequentieller Ablauf**

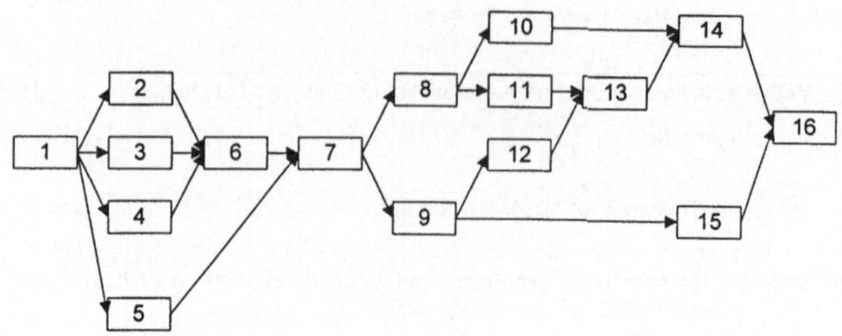

Bild 6-29   Paralleler Ablauf

Nun werden jeweils die Aktivitäten 8-13 freigeschnitten, wobei die Verbindungen dieser Gruppe eingefroren bleiben. Bild 6-30 zeigt das Freischneiden im sequentiellen Ablauf und Bild 6-31 im parallelen Ablauf.

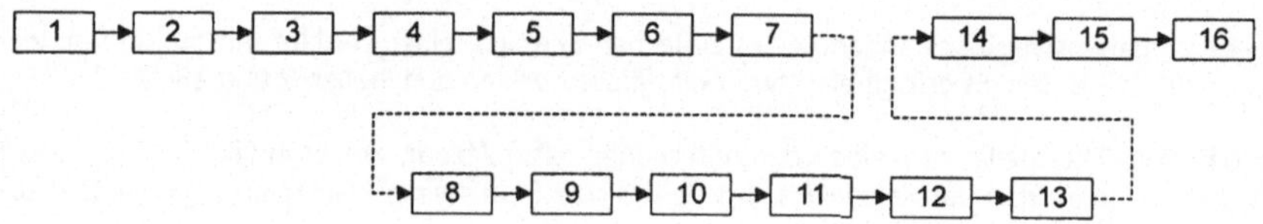

Bild 6-30   Aktivitäten 8-13 freigeschnitten im sequentiellen Ablauf

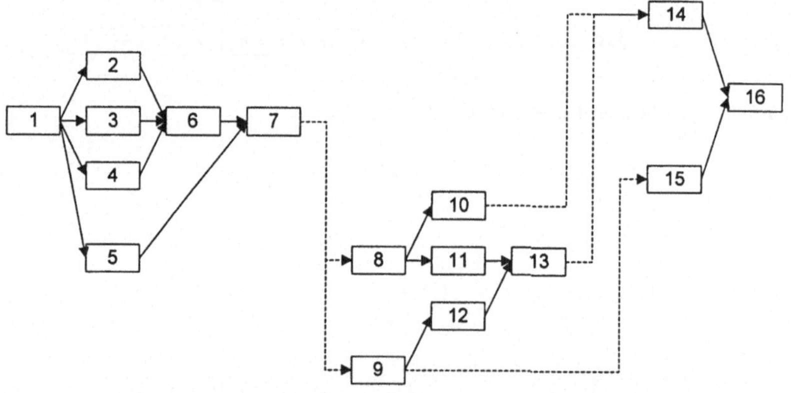

Bild 6-31   Aktivitäten 8-13 freigeschnitten im parallelen Ablauf

Im nächsten Schritt, Bild 6-32, werden die freigeschnittenen Gruppen miteinander vertauscht. Dies entspricht einem "two-point-crossover" an den Aktivitäten 7 und 13. Wichtig ist dabei,

daß die Verbindungen beider Elternteile erhalten bleiben, so daß keine Informationen verloren-
gehen und alle alten Verbindungen zunächst gültig bleiben.

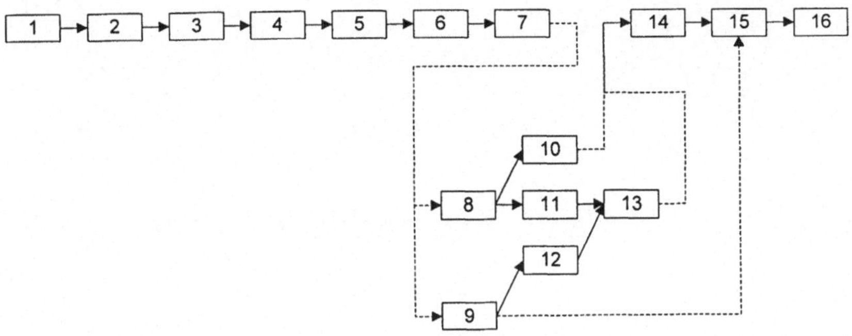

Bild 6-32   **Sequentieller Ablauf erhält parallele Gruppe 8-13**

Wie in Bild 6-32 dargestellt, kann das Ergebnis auch redundante Verbindungen enthalten, wie
z.B. zwischen 9 und 15. Diese müssen in einem weiteren Schritt eliminiert werden. Eine Verbindung ist dann redundant, wenn der Ablauf auch ohne sie gültig ist, also sämtliche Kriterien, die
die Prozeßmodellierung vorgibt, erfüllt sind. Als Ergebnis erhält man einen neuen Ablauf, wie er
in Bild 6-33 dargestellt ist.

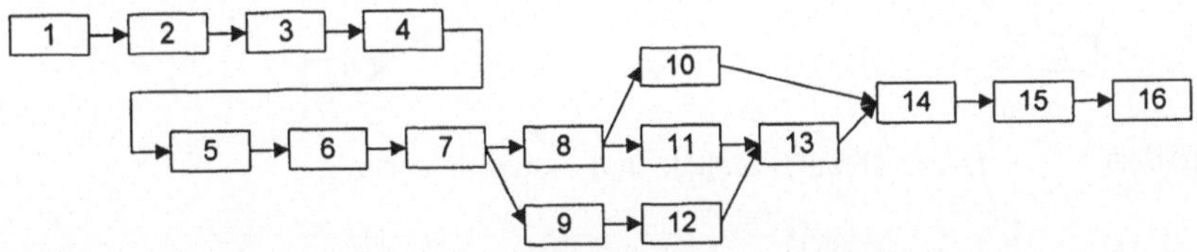

Bild 6-33   **Neuer Ablauf: Sequentielle und parallele Gruppe**

Die gleiche Vorgehensweise wird nun auch für den ursprünglich parallelen Ablauf verfolgt. Das
Ergebnis ist in Bild 6-34 dargestellt.

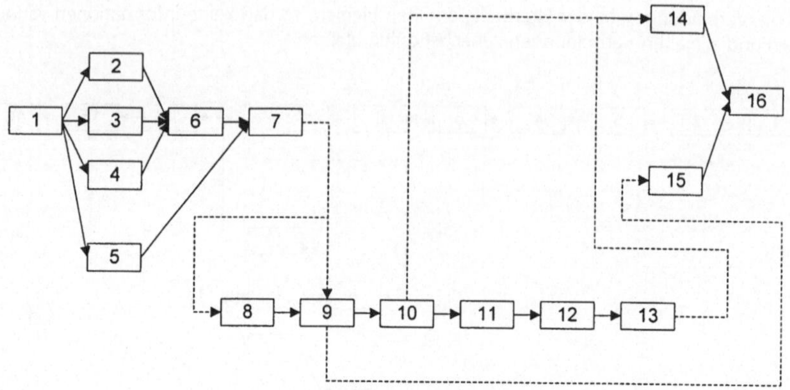

Bild 6-34 **Paralleler Ablauf erhält sequentielle Gruppe 8-13**

Bereinigt von redundanten Verbindungen ergibt sich der in Bild 6-35 dargestellte Ablauf.

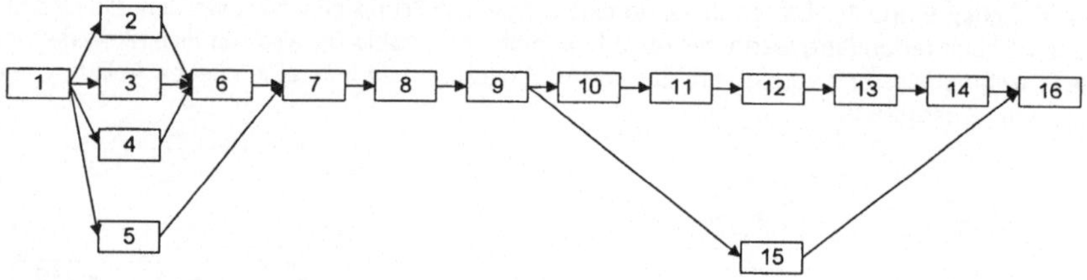

Bild 6-35 **Neuer Ablauf: Parallele und sequentielle Gruppe**

6.3.5.7 Mutation

Die Mutation ist der zweite wesentliche Faktor der Veränderung. Es kommt bei dieser Vorgehensweise nur eine Mutation der Verbindungen der Klasse 2 in Betracht. Dies funktioniert einfach und kann ohne weiteres umgesetzt werden. Wie schon erläutert, sind Verbindungen der Klasse 2 zweiseitig. Ist eine Verbindung z.B. von 7 nach 10 möglich, so gilt dies auch umgekehrt. Eine Mutation könnte demnach einfach an zufälligen, aber zulässigen Stellen diese Verbindungen invertieren.

Anhand eines Beispiels soll die Mutation veranschaulicht werden. Gegeben ist ein Graph mit 16 Knoten (siehe Bild 6-36). Die Verbindung zwischen den Knoten 2 und 3 ist von der Klasse 2.

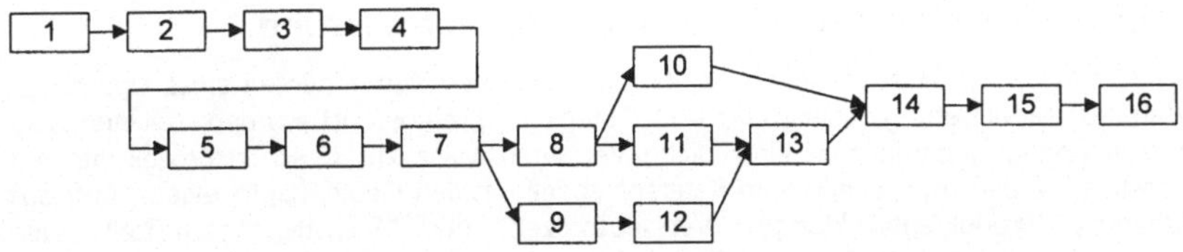

Bild 6-36   **Ablauf vor Mutation**

Nun werden die Knoten ausgetauscht, wobei sie ihre bisherigen anderen Verbindungen beibehalten und zusätzlich die des anderen Knoten hinzubekommen (siehe Bild 6-37). In einem weiteren Schritt müssen nun, wie bei der Rekombination, redundante Verbindungen gelöscht werden. Die gestrichelten Linien in Bild 6-37 verdeutlichen dies.

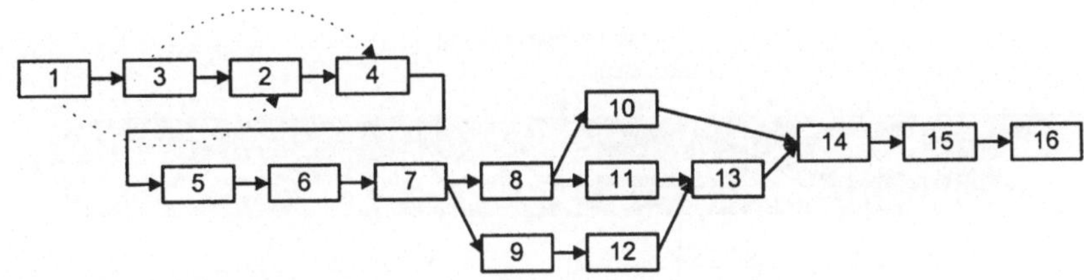

Bild 6-37   **Neuer Ablauf nach durchgeführter Mutation**

Damit ist aus der Mutation ein neuer, gültiger Ablauf hervorgegangen.

7 Verfahrensablauf zur Geschäftsprozeßoptimierung

Nachdem in den vorangegangenen Kapiteln die einzelnen Komponenten eines Optimierungsverfahrens, Modellierung, Bewertung und Optimierung, eingeführt wurden, soll nun der Zusammenhang und damit eine einheitliche Verfahrensweise zur Geschäftsprozeßoptimierung vorgestellt werden. Ausgehend vom Referenzmodell mit den Geschäftsprozessen "Auftragsabwicklung", "Produktentwicklung", "Vertriebsprozeß" und "Dienstleistungsprozeß" werden diese Prozesse je nach Aufgabenstellung sukzessive modelliert und optimiert. Dieser Verfahrensablauf ist in Bild 7-1 dargestellt.

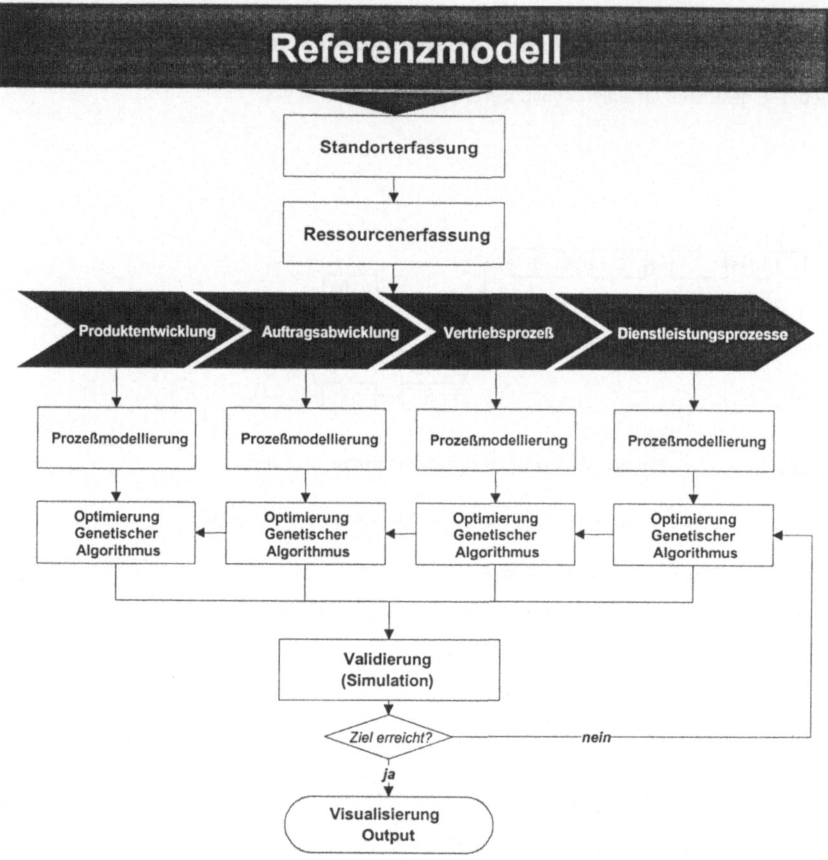

Bild 7-1   **Verfahrensablauf zur Geschäftsprozeßoptimierung**

Innerhalb des Verfahrens werden, ausgehend von einem Referenzmodell, die Standorte und die Ressourcen "Mitarbeiter" und "Betriebsmittel" erfaßt. Anschließend wird der entsprechende

Geschäftsprozeß modelliert, optimiert und validiert. Das Optimierungsergebnis ist ein neuer Ablauf für den Geschäftsprozeß, der graphisch in Form eines Netzplans dargestellt wird.

Der erste Schritt des Verfahrensablaufs ist die Visualisierung eines ausgewählten Referenzmodells. Im Rahmen dieser Arbeit soll zunächst die Vorgehensweise anhand des Geschäftsprozesses der Auftragsabwicklung näher betrachtet werden.

Das Referenzmodell kann den unterschiedlichen Unternehmensspezifika einfach angepaßt werden. Die Geschäftsprozesse sind transparent dargestellt und der Organisator wechselt zum Navigationsbildschirm, wie er in Bild 7-2 dargestellt ist. Von hier aus werden alle Eingabe-, Optimierungs- und Ausgabebildschirme angesteuert.

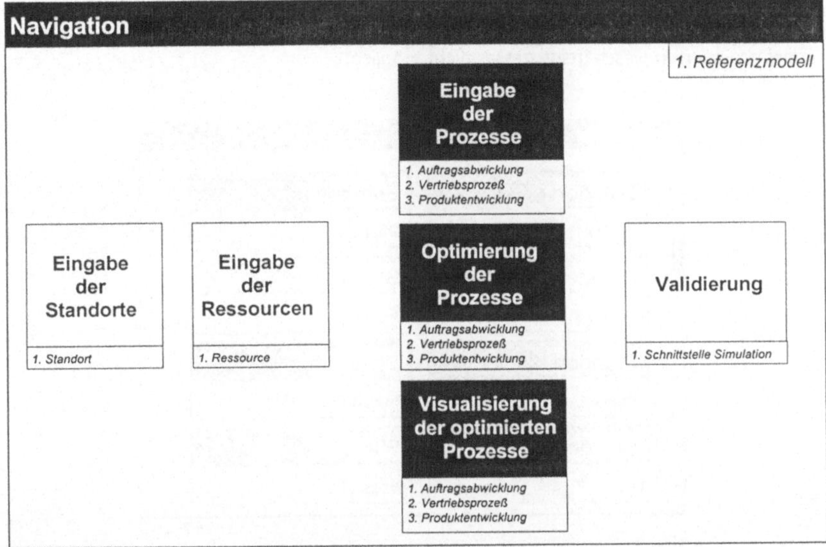

Bild 7-2   Navigationsbildschirm

Der Navigationsbildschirm besteht aus den Elementen:

- Eingabe der Standorte

- Eingabe der Ressourcen

- Eingabe der Prozesse

- Optimierung der Prozesse

- Visualisierung der optimierten Prozesse

- Validierung

Diese Elemente werden in den folgenden Kapiteln beschrieben.

7.1 Standorterfassung

Die Standorterfassung kann für alle Geschäftsprozesse gemeinsam angelegt werden. Das ist deshalb sinnvoll, weil bestimmte Geschäftsprozesse durchaus am gleichen Standort durchgeführt werden können.

Ziel der Standorterfassung, wie in Bild 7-3 dargestellt, ist die räumliche Modellierung der Aufgabendurchführung. Die Standorte wurden zur Vereinfachung mit Gruppe 1 bis Gruppe 8 bezeichnet. Die Anzahl der Standorte kann erweitert und die Namen können beliebig geändert und angepaßt werden.

Aufgrund der Modellierung und der Zielfunktion zur Optimierung benötigt jede *Ressource* einen Standort. Als Ressourcen werden Mitarbeiter und Betriebsmittel betrachtet. Neben der Verwendung der Standortinformation zur Optimierung wird anhand der Standortinformation das entsprechende Simulationsmodell generiert. Ohne diese Standortinformation ist somit eine Validierung des optimierten Geschäftsprozesses nicht möglich.

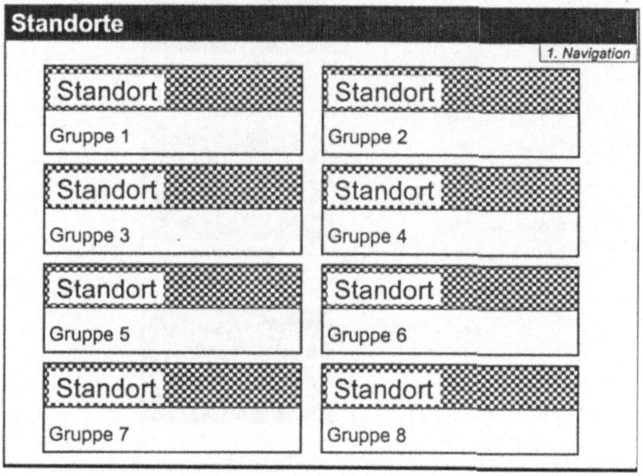

Bild 7-3   **Standorterfassung**

Ein Standort kann je nach Detaillierungsgrad ein komplettes Werk, ein Gebäude, ein Produktionsbereich oder ein einzelnes Büro sein. Die Eingabe erfolgt über eine Maske, wie in Bild 7-4 dargestellt, in welcher der Name des Standorts sowie dessen Koordinaten eingegeben werden. Beispielhaft wurde hier ein einfaches relatives Koordinatensystem zugrunde gelegt, welches aber beliebig ausbaufähig ist.

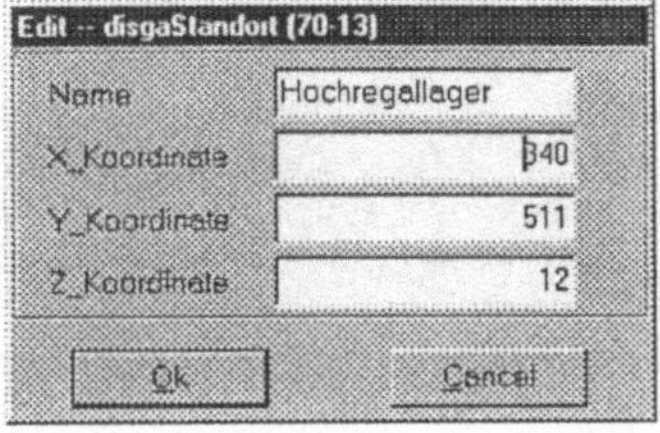

Bild 7-4   **Eingabe Standortkoordinaten**

Die x-, y- und z- Koordinaten werden im nächsten Schritt einem Prozeß zugeordnet und können dann, wie in Kapitel 6.2.2.1 beschrieben, zur Berechnung der Kennzahl "Übergangszeit" innerhalb der Bewertungsfunktion "Zeit" herangezogen werden.

7.2 Ressourcenerfassung

Die Ressourcenerfassung wird, wie die Standorterfassung, für alle Geschäftsprozesse gemeinsam angelegt. Auch hier ist es sinnvoll, daß Geschäftsprozesse auf bestimmte Ressourcen gemeinsam zugreifen.

Grundsätzlich gibt es drei unterschiedliche Ressourcen: Mitarbeiter, Betriebsmittel und Rohstoffe, wobei in dieser Arbeit die Rohstoffe nicht weiter betrachtet werden. Dagegen sind die Ressourcen "Mitarbeiter" und "Betriebsmittel" hier von außerordentlicher Wichtigkeit. Sie werden erfaßt und in tabellarischer Form ausgegeben, wie es in Bild 7-5 dargestellt ist.

Ressourcenerfassung

1. Navigation

Mitarbeiter

Betriebsmittel

Nummer	Betriebsmittel Name	Anzahl
1	Standardschreibtisch	15
2	Etikettendrucker	1
3	PC + Drucker	5
4	PC Standard	5
5	Papier	1
6	CAD	3
7	Plotter	1
8	PPS	1
9	Handhabungsgerät 1	1
10	Handhabungsgerät 2	1
11	Handhabungsgerät 3	1
12	Transportband	3
13	Warenausgangsrampe	1
14	Verpackungsmaterial	2
15	Handhabungsgerät 4	1
16	Handhabungsgerät 5	1
17	Handhabungsgerät 6	1
18	Handhabungsgerät 7	1
19	Lager	1
20	PKW	2

Bild 7-5   **Ressourcenerfassung**

Die wichtigste Eigenschaft der Ressource "Betriebsmittel" ist ihr Standort. Damit ist festgelegt an welchem Ort ein Vorgang, der eine Ressource erfordert, stattfindet. Wie in Kapitel 6.2.2 "Zielfunktion" beschrieben, hat dies Auswirkungen auf die Bewertungsfunktion "Übergangszeit". Ein Betriebsmittel ist damit eine Verfeinerung eines Standorts, zum Beispiel kann dies eine Maschine in einem Produktionsbereich oder ein bestimmter Computerarbeitsplatz in einem Büro sein. Auch hier gilt, daß der Detaillierungsgrad beliebig genau sein kann.

Für unsere Betrachtung wurde zur Vereinfachung einem Standort ein Betriebsmittel zugeordnet. Z. B. dem Standort "Gruppe 5" wurde die Ressource "Betriebsmittel: PC + Drucker" zugeordnet. Die Ressource "Betriebsmittel" wird ergänzt durch die Angabe des Kostensatzes [DM pro Stunde und Betriebsmittel] und der Anzahl der zur Verfügung stehenden Betriebsmittel. Die Eingabe erfolgt in der in Bild 7-6 dargestellten Maske.

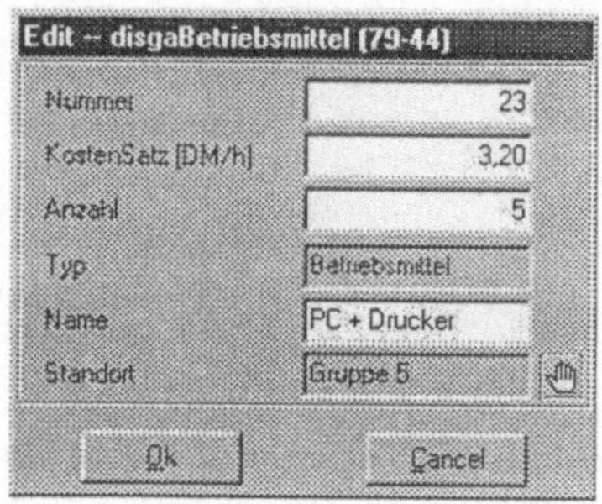

Bild 7-6　　　　　**Eingabe Betriebsmittel**

Zur Berechnung der Kennzahl "Kosten" ist nach der Bewertungsfunktion eine Definition der Mitarbeiterqualifikation erforderlich. Durch die in Bild 7-7 dargestellte Eingabemaske kann der Mitarbeiter mit seiner Qualifikation erfaßt werden.

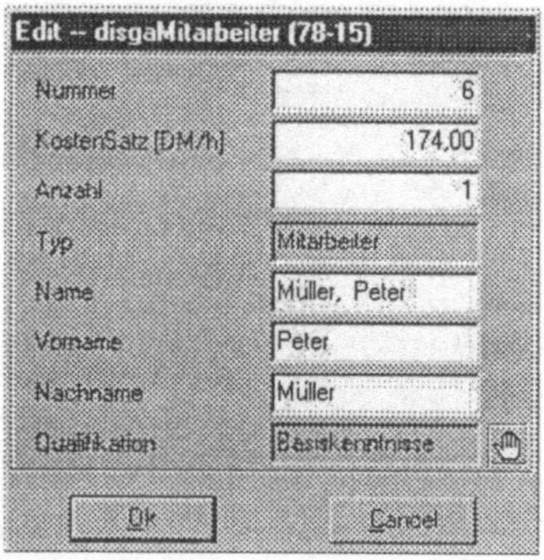

Bild 7-7　　　　　**Eingabe Mitarbeiter**

Die Qualifikation wird durchgängig durch ein dreistufiges Qualifikationsprofil abgebildet. Diese drei Stufen sind "angelernter Mitarbeiter", "Mitarbeiter mit Basiskenntnissen" und "Experte". Der abgebildete Mitarbeiter kann dann anschließend alternativ einem Prozeß zugeordnet werden. Die Modellierungstiefe kann auch hier unterschiedlich sein. Ist es nicht sinnvoll, auf einzelne Mitarbeiter in der Modellierung zuzugreifen, können ganze Mitarbeitergruppen mit bestimmten Qualifikationsprofilen gebildet werden.

7.3 Prozeßmodellierung

Der Grundstein der Optimierung ist eine Modellierung der Geschäftsprozesse gemäß den Kapiteln 6.1.2 "Aufgabenbedarfsermittlung" und 6.1.3 "Beziehungsermittlung". Zunächst werden die Aufgaben, die zur Abwicklung eines Geschäftsprozesses notwendig sind, definiert. Die Modellierung erfolgt mit der in Bild 7-8 dargestellten Eingabemaske. Dazu werden neben Nummer und Name zur Kennzeichnung des Prozesses auch die Vorgangsdauer, ein Betriebsmittel und alternativ eine Mindestqualifikation oder ein Mitarbeiter definiert. Abschließend wird der Prozeß noch einem Funktionsbereich zugeordnet.

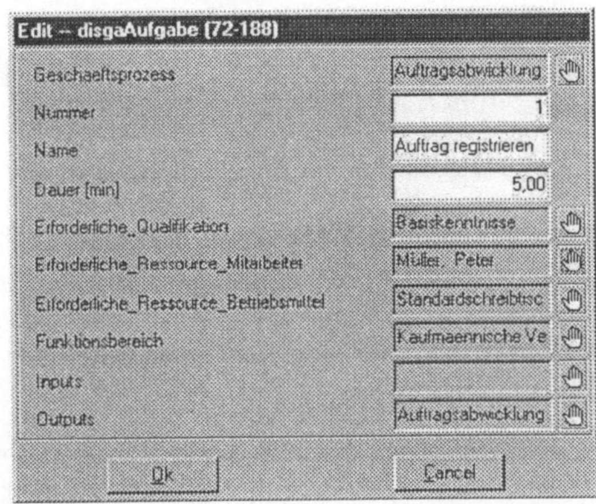

Bild 7-8   **Eingabemaske Aufgabe**

Bild 7-9 zeigt die vereinfachte graphische Darstellung eines definierten Prozesses. Diese vereinfachte Darstellungsform wird innerhalb eines Netzplans verwendet. Sie beinhaltet die Nummer, die Vorgangsdauer und den Namen des Prozesses.

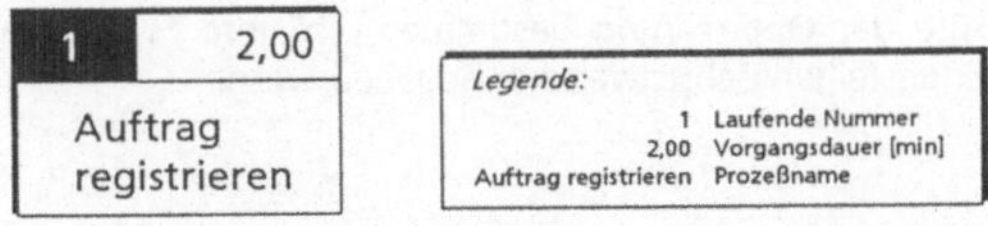

Bild 7-9   **Vereinfachte Darstellung einer definierten Aufgabe**

Die Beziehungen zwischen den einzelnen Aufgaben werden durch einfaches Verbinden der Aufgaben automatisch angelegt. Bild 7-10 zeigt die entsprechende Bedieneroberfläche und das Ergebnis der Prozeßmodellierung.

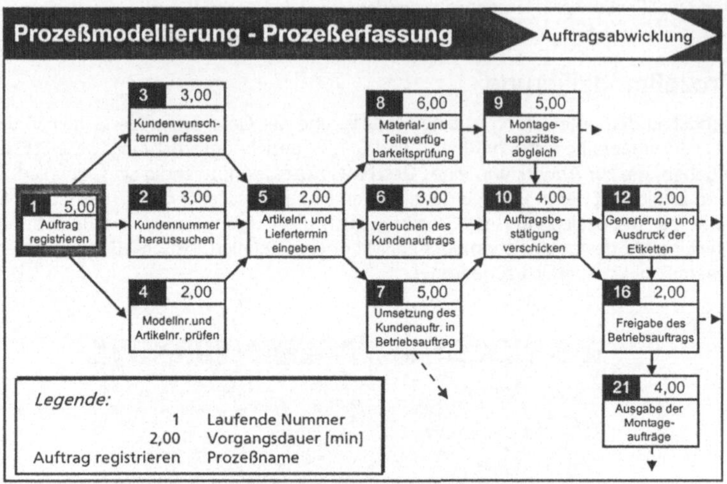

Bild 7-10   **Prozeßmodellierung und Erfassung: Auftragsabwicklung**

7.4 Optimierung genetischer Algorithmus

7.4.1 Einstellungen

Die eigentliche Optimierung der Geschäftsprozesse mittels eines genetischen Algorithmus erfolgt in diesem Verfahrensschritt. Wie in Bild 7-11 dargestellt, werden hier anhand der Parameterliste die Optimierungsparameter für den genetischen Algorithmus und die Gewichtungen der Bewertungskriterien Kosten, Qualität und Zeit festgelegt. Die Bewertungsmatrix für den zu optimierenden Ablauf kann angesteuert und geändert werden. Nach Durchführung der Optimierung wird der Ergebniswert aus der Zielfunktion angezeigt.

In der Parameterliste können die Mutationsrate, die Rekombinationsrate, die Anzahl der Generationen und die Anzahl der Individuen je Generation eingestellt werden. Die Erklärung dieser vier Optimierungsparameter erfolgt über eine hinterlegte Hilfefunktion. Da jedoch diese vier Parameter, die in Kapitel 6.3.5 "Pseudocode genetischer Algorithmus" bereits ausführlich diskutiert wurden, die Güte der Optimierung bestimmen, soll ihre Funktionsweise nochmals kurz vorgestellt und die eingestellten Zahlenwerte angegeben werden.

Mutationsrate

Das Ergebnis einer Mutation stellen neue Abläufe dar. Die Mutation vertauscht zufällig Prozesse innerhalb eines Ablaufs. Die Mutationsrate legt die Mutationswahrscheinlichkeit für einen einzelnen Ablauf fest. Für die Mutationsrate sind Zahlenwerte zwischen 0 und 1 zulässig. Im Rahmen der durchgeführten Versuchsreihen liefert hierbei eine Mutationsrate von 0,5 sehr gute Ergebnisse.

Rekombinationsrate

Die Rekombinationsrate legt die Wahrscheinlichkeit fest, mit der aus einem Ablauf A bestimmte Prozesse ausgeschnitten und in einen Ablauf B eingefügt werden. Der damit neu entstandene Ablauf wird entsprechend auf redundante Verbindungen überprüft und bereinigt. Für die Rekombinationsrate sind Zahlenwerte zwischen 0 und 1 zulässig. Ein für diese Problemstellung geeigneter Wert ist 0,1. Die durchgeführten Versuchsreihen haben gezeigt, daß im Zusammenhang mit einer Mutationsrate von 0,5 sehr gute Abläufe generiert werden.

Anzahl der Generation

Die Anzahl der Generationen bestimmt die Laufzeit des genetischen Algorithmus. Die Generationenanzahl stellt das Abbruchkriterium dar. Während der Optimierung wird die Anzahl der Generationen gezählt und beim Erreichen der festgelegten Anzahl abgebrochen. Für den Fall der Geschäftsprozeßoptimierung kann der Zahlenwert 10 eingestellt werden.

Anzahl der Individuen bzw. Abläufe

Die Anzahl der Individuen bestimmt die Anzahl der verschiedenen Abläufe innerhalb einer Generation. Aus dieser zur Verfügung stehenden Anzahl der Abläufe werden die Abläufe für die nächste Generation nach dem Ersetzungsschema, "Roulette Wheel Selection", ausgewählt. Die Anzahl der Individuen ist mit dem Zahlenwert 20 einzustellen.

Bild 7-11   **Optimierung**

Durch eine unterschiedliche Gewichtung der Kriterien Kosten, Qualität und Zeit kann eine zielgerichtete Ausrichtung der Optimierung auf eines dieser drei Kriterien erfolgen. Beispielsweise kann dadurch der Ablauf mit der kürzesten Durchlaufzeit ermittelt werden. Die Gewichtungen sind dann folgendermaßen einzustellen: Gewichtung Kosten 0, Gewichtung Zeit 100, Gewichtung Qualität 0. Die Summe der Einzelgewichtungen beträgt 100.

Die Optimierungsroutine dargestellt ist, wird ebenfalls hier gestartet. Voraussetzung für die Optimierung ist jedoch eine berechnete und überarbeitete Bewertungsmatrix, wie sie im folgenden Kapitel beschrieben wird.

Das Ergebnis einer Optimierung stellt ein neuer Ablauf dar. In Bild 7-11 wird der Wert des Ablaufs aus der Bewertungsfunktion direkt angezeigt. Die graphische Darstellung des Netzplans erfolgt auf einem zweiten Bildschirm, wie er in Bild 7-15 dargestellt ist.

7.4.2 Bewertungsmatrix

Nachdem die Daten in der Modellierung für die Prozesse, wie Standortdaten, Qualifikationen, Zeitdauern und Verbindungen, erfaßt wurden, wird die Bewertungsmatrix automatisch generiert. Dabei werden sowohl alle möglichen Verbindungen berechnet als auch zu jeder dieser Verbindungen eine Bewertungskennzahl hinterlegt. Die Berechnung erfolgt durch die definierten Bewertungsfunktionen.

Bild 7-12 zeigt einen Ausschnitt einer Bewertungsmatrix für den betrachteten Geschäftsprozeß der Auftragsabwicklung.

<table>
<tr><td colspan="8">Optimierung - Bewertungsmatrix   Auftragsabwicklung
1. Optimierung</td></tr>
</table>

Bewertung ändern

Name	Kennzahl	Kennzahl Kosten	Kennzahl Zeit	Kennzahl Zeit Vorgangs- dauer	Kennzahl Zeit Übergangs- dauer	Kennzahl Qualität
1->2	650	200	150	200	100	300
1->3	700	300	200	200	200	200
1->4	700	100	300	300	300	300
2->3	400	100	200	100	300	100
2->4	700	100	300	300	300	300
2->5	600	300	200	100	300	100
3->4	750	300	250	300	200	200
3->5	650	200	150	100	200	300
4->2	550	100	150	200	100	300
4->3	350	100	150	200	100	100
4->5	400	100	100	100	100	200
5->6	900	300	300	300	300	300
5->7	600	200	200	200	200	200
5->8	650	300	250	200	300	100
6->7	500	100	200	300	100	200
6->8	600	200	200	100	300	200

Bild 7-12 **Bewertungsmatrix**

Falls das Optimierungsergebnis nicht den Anforderungen des Organisators gerecht wird oder die Validierung durch die Simulation Schwächen im Ablauf aufzeigt, können jederzeit die Kennzahlen der Verbindungen überarbeitet werden. Das Bearbeiten einer Verbindung zwischen zwei Prozessen kann in einer Maske erfolgen, wie sie in Bild 7-13 dargestellt ist. Im Anschluß an eine Überarbeitung der Bewertung erfolgt ein erneuter Optimierungslauf.

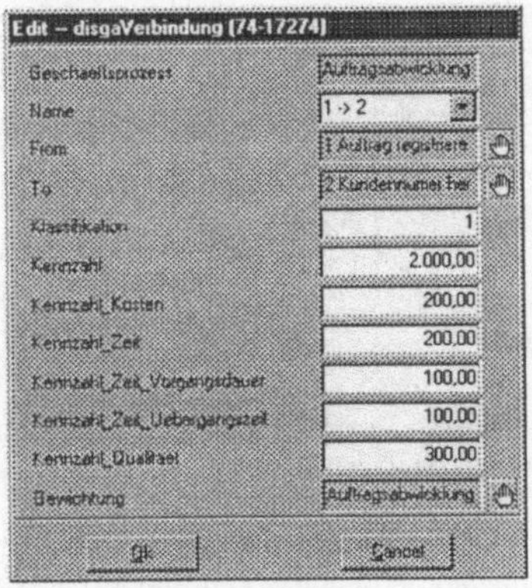

Bild 7-13 **Bearbeiten einer Verbindung**

Bei der Bearbeitung einer Verbindung bestehen zwei Möglichkeiten. Zum einen können die Gewichtungsfaktoren für Kosten, Qualität und Zeit geändert werden. Zum anderen können die Kennzahlen der Bewertung manuell variiert werden.

7.5 Validierung des optimierten Ablaufs

Die Validierung des optimierten Ablaufs ist der letzte Schritt des Verfahrens. Im Rahmen der Validierung kann zwischen einer statischen und dynamischen Betrachtungsweise des optimierten Ablaufs unterschieden werden. Die statische Betrachtungsweise dient der Ermittlung der Validierungskennwerte Kosten und Qualität.

Mit der dynamischen Betrachtungsweise werden zeitbezogen Validierungskennwerte berechnet. Dazu werden alle bereits zur Optimierung erfaßten Daten wie Standorte, Ressourcen und Geschäftsprozesse herangezogen und um ein Auftragsmengengerüst ergänzt. Das Auftragsmengengerüst enthält Informationen über die Häufigkeit eines Auftrages pro Periode. Die Eingabe dieser Informationen erfolgt mit der in Bild 7-14 dargestellten Maske.

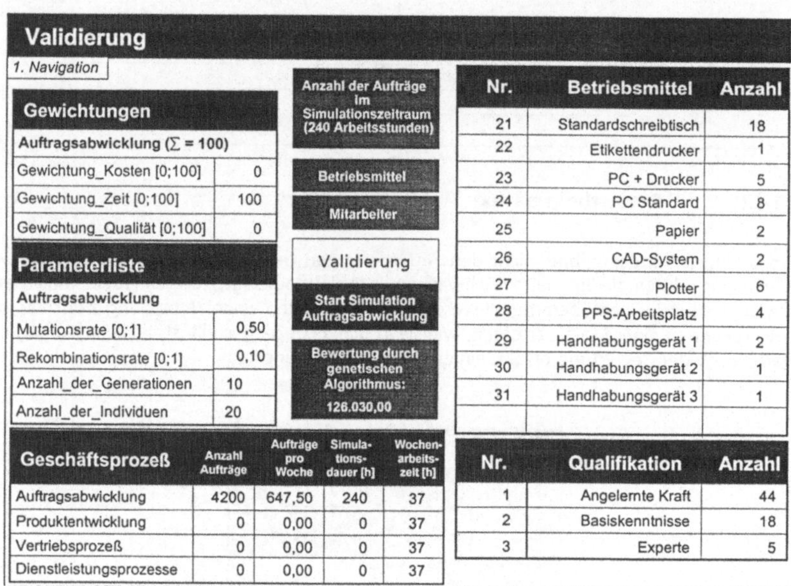

Nr.	Betriebsmittel	Anzahl
21	Standardschreibtisch	18
22	Etikettendrucker	1
23	PC + Drucker	5
24	PC Standard	8
25	Papier	2
26	CAD-System	2
27	Plotter	6
28	PPS-Arbeitsplatz	4
29	Handhabungsgerät 1	2
30	Handhabungsgerät 2	1
31	Handhabungsgerät 3	1

Geschäftsprozeß	Anzahl Aufträge	Aufträge pro Woche	Simulationsdauer [h]	Wochenarbeitszeit [h]
Auftragsabwicklung	4200	647,50	240	37
Produktentwicklung	0	0,00	0	37
Vertriebsprozeß	0	0,00	0	37
Dienstleistungsprozesse	0	0,00	0	37

Nr.	Qualifikation	Anzahl
1	Angelernte Kraft	44
2	Basiskenntnisse	18
3	Experte	5

Bild 7-14   Validierung

Die Ablaufdaten und das Auftragsmengengerüst werden an ein Standardsimulationsprogramm übergeben. Anschließend werden die Geschäftsprozesse anhand des Mengengerüsts sowie des Prozeßmodells simuliert. Die Analyse der Ergebnisse kann nun den optimierten Ablauf in seiner aktuellen Form bestätigen oder aber Schwachstellen, wie zum Beispiel auftretende Engpässe, aufzeigen. Aufgrund der Simulationsergebnisse kann dann gegebenenfalls die Bewertung der Verbindungen im Bereich der Schwachstellen, wie in Kapitel 7.4.2 beschrieben, überarbeitet werden.

7.6 Visualisierung der optimierten Geschäftsprozesse

Eine Visualisierung der Ergebnisse eines Optimierungsdurchlaufs verfolgt zwei Ziele. Erstens soll die graphische Darstellung den optimierten Ablauf veranschaulichen und damit den Organisator bei einer ersten Prüfung auf offensichtliche Fehler bzw. Fehleinschätzungen hinweisen. Zweitens werden an dieser Stelle zusätzliche Kennwerte hinsichtlich der Mitarbeiteranzahl und damit der Mitarbeiterkosten bereitgestellt. Der Visualisierungsbildschirm ist in Bild 7-15 dargestellt.

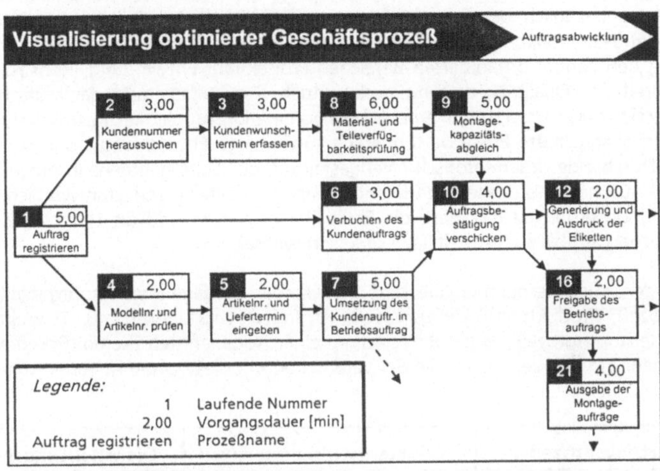

Bild 7-15　　　　**Visualisierung optimierter Geschäftsprozeß (Auszug)**

8 Fallbeispiel

Das entwickelte Verfahren zur Optimierung von Geschäftsprozessen mit Hilfe eines genetischen Algorithmus wurde in einem Systemprototypen umgesetzt, um seine Funktionsfähigkeit und sein Nutzenpotential zu bestätigen. Während eines Umstrukturierungsprozesses in einem Unternehmen der Elektroindustrie wurde dieser Prototyp einem Praxistest unterworfen.

Das betrachtete Unternehmen war im Zuge seines drastischen Umsatzwachstums in den letzten Jahren nach den Prinzipien einer funktionalen Organisationsstruktur aufgebaut worden. Die Verantwortung bezüglich der Produktionsmenge, der Produktqualität, der Liefertermintreue sowie der Betriebsmittelkonstruktion und -beschaffung, der Produktentwicklung und des Vertriebs oblag den zentral organisierten Bereichen Produktion, Entwicklung, Konstruktion, Fertigungsvorbereitung, Qualitätssicherung und Vertrieb. Die Aufspaltung der Verantwortung in einzelne Bereiche war Ursache für erhebliche Koordinationsprobleme, unzureichende Produktqualität, eine mangelhafte Prozeßverfügbarkeit sowie lange Entwicklungs- und Auftragsdurchlaufzeiten. Durch eine organisatorische Neugestaltung des Unternehmens in prozeßorientierte, weitgehend autonome Unternehmensbereiche mit je einem Prozeßverantwortlichen konnten die Koordinationsprobleme reduziert, die Flexibilität gesteigert und die Durchlaufzeiten von 4 Kalenderwochen auf bis zu 5 Arbeitstage reduziert werden.

Hierzu wurden im Unternehmen die fünf aufeinander aufbauenden Hauptgeschäftsprozesse Vertriebsprozeß, Produktentwicklungsprozeß, Auftragsabwicklungsprozeß, Produktionsprozeß und Dienstleistungsprozeß eingeführt und in einer sogenannten Kammrücken-Kammzahnstruktur organisatorisch verankert. Bild 8-1 veranschaulicht diese Organisationsstruktur.

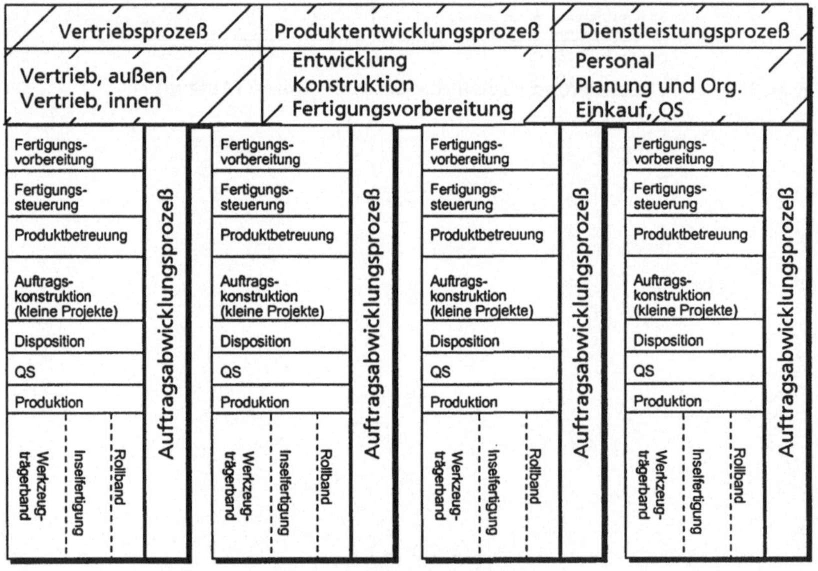

Bild 8-1   **Organisationsstruktur und Geschäftsprozesse**

Der Kammrücken umfaßt die drei Hauptgeschäftsprozesse Vertrieb, Produktentwicklung und Dienstleistung. Ziel des Kammrückens ist es, Innovationsarbeit zu leisten, Synergien sicherzustellen und Strategien voranzutreiben. Der Kammzahn umfaßt den Auftragsabwicklungsprozeß und ist auf Schnelligkeit, Flexibilität und Produktivität bei der Aufragsdurchführung ausgerichtet. Die verrichtungsorientiert aufgebaute Produktion wurde in vier entsprechend am Auftragsabwicklungsprozeß ausgerichtete Produktgruppen überführt. Zur Erreichung der vom Markt geforderten Schnelligkeit und Flexibilität erfolgte eine Integration der Aufgaben wie Produktbetreuung, Fertigungsvorbereitung, Qualitätssicherung und Einkauf.

Eine Produktgruppe umfaßt idealerweise je nach Produkt- und Auftragsspektrum 250 bis 350 Mitarbeiter. Die Produktgruppe besteht aus einem Serviceteam und einzelnen, prozeßorientierten Produktionsteams. Die Mitarbeiter eines Produktionsteams sind sowohl für die Bedienung der Produktionsmaschinen als auch für die Durchführung von Maßnahmen der Qualitätsprüfung und -lenkung verantwortlich. Sie führen kleine Instandhaltungsarbeiten aus und sind aktiv in einen kontinuierlichen Verbesserungsprozeß eingebunden. Die Durchführung der Auftragsplanung und der Teiledisposition, die aktive Produktbetreuung sowie die Durchführung von Maßnahmen zur Prozeßsicherung erfolgt im Serviceteam.

Da die Zielsetzung einer Produktgruppe die effektive, schnelle und damit zeitnahe Abwicklung der Auftragsdurchsetzung ist, stellt der Auftragsabwicklungsprozeß den Kernprozeß dar. Es galt, die Auftragsabwicklung für Normalbetriebsaufträge zu analysieren und ein Modell zur Verbesserung der bisherigen Abläufe zu erstellen. Im wesentlichen geschah dies in drei Schritten:

1 Istaufnahme

2 Inputmodell

3 Outputmodell

Im ersten Schritt wurde die ursprüngliche Auftragsabwicklung aufgezeichnet. Dabei stellte sich heraus, daß dieser Prozeß viele unterschiedliche Funktionsbereiche durchlief und daß in bestimmten Prozeßabschnitten immer wieder dieselben Fehler auftraten. Aufgrund dieser Erkenntnisse wurde der Auftragsabwicklungsprozeß hinsichtlich der Ressourcenzuordnung und der Aufgaben (Einzeltätigkeiten) im zweiten Schritt neu strukturiert.

Das Resultat war einerseits ein grundsätzliches Sollkonzept, wie in Bild 8-2 dargestellt, das den Weg zur Prozeßorientierung aufzeigt. Andererseits beinhaltet das Sollkonzept eine spezifische Definition der neuen Struktur hinsichtlich Aufgaben und Ressourcen.

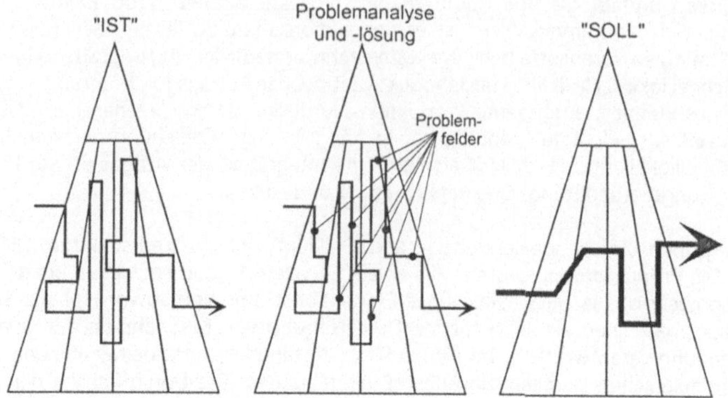

Bild 8-2   **Von der Istsituation zum Sollkonzept**

Die Hauptaufgabe des zweiten Schritts war also die Erfassung der Ressourcen und Aufgaben samt ihrer Beziehungen untereinander. Das Ergebnis dieser Prozeßmodellierung des Auftragsabwicklungsprozesses ist in Bild 8-3 dargestellt. Dabei wurden entsprechend dem vorherigen Kapitel "Verfahrensablauf zur Geschäftsprozeßoptimierung" alle zur weiteren Optimierung mittels des genetischen Algorithmus erforderlichen Informationen erfaßt.

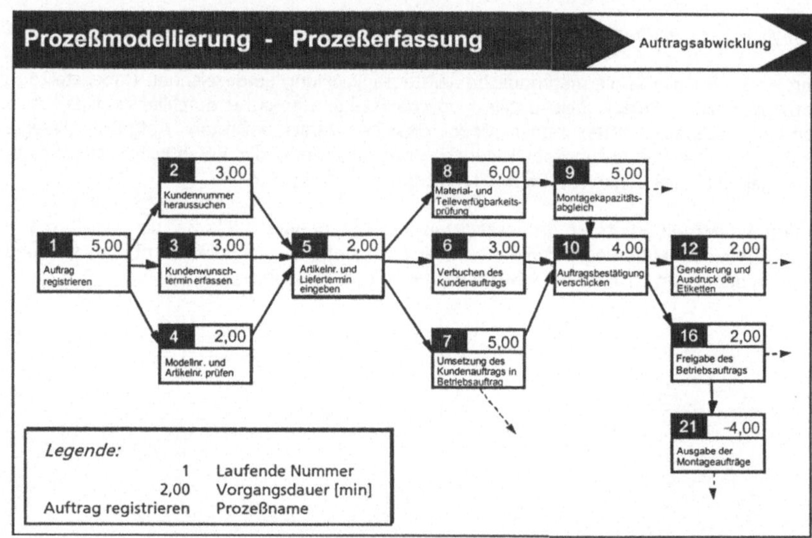

Bild 8-3   **Prozeßerfassung: Reengineerter und noch nicht optimierter Ablauf (Auszug)**

Der in Bild 8-3 dargestellte Auftragsabwicklungsprozeß kann durch die in Bild 8-4 hinterlegten Eckdaten beschrieben werden. Hieraus läßt sich der große Umfang des betrachteten Auftragsabwicklungsprozesses erkennen.

Bezeichnung	Anzahl [Stück]
Geschäftsprozeß Auftragsabwicklung	1
Hauptprozeß	4
Teilprozeß	23
Einzeltätigkeit	52

Bild 8-4   **Eckdaten des betrachteten Auftragsabwicklungsprozesses**

Der dritte und letzte Schritt war die Durchführung der Optimierung mit Hilfe des genetischen Algorithmus. Zur Erzielung eines realistischen und für das Unternehmen passenden Ablaufs wurde der reengineerte Prozeß mit den folgenden Optimierungsläufen verglichen:

- Ablauf 1: 100% auf Kosten optimiert.
- Ablauf 2: 100% auf Qualität optimiert.
- Ablauf 3: 100% auf Zeit optimiert.
- Ablauf 4: abgestimmter Ablauf mit 40% auf Kosten, 20% auf Qualität und 40% auf Zeit optimiert.

Die resultierenden Abläufe wurden daraufhin mit Hilfe eines Standardsimulationswerkzeuges validiert. Als Simulationswerkzeug wurde das Softwaretool ProModel von der Firma ProModel eingesetzt. Dazu werden zunächst die relevanten Daten im Modellierungswerkzeug zusammengefaßt und gegebenenfalls überarbeitet. Als Modellierungswerkzeug wurde das Softwaretool tidy-up der Firma MIP eingesetzt. Der entsprechende Bildschirm, wie er in tidy-up modelliert und realisiert wurde, ist in Bild 8-5 dargestellt.

Auf der rechten Seite von Bild 8-5 befinden sich die Informationen bezüglich der eingesetzten Ressourcen. Der obere Abschnitt zeigt einen Auszug der Betriebsmittel mit der Angabe der Anzahl. Dasselbe gilt für den unteren Abschnitt, der die Mitarbeiter nach Qualifikation zusammenfaßt. Im linken Teil des Validierungsbildschirms sind als Kontrollfelder nochmals die Gewichtungen und die Parameter des genetischen Algorithmus zu sehen. Die für die Simulation wichtigen Einstellgrößen wie die Anzahl der Aufträge pro Simulationsdauer, die Anzahl der Aufträge pro Woche, die Simulationsdauer und die Wochenarbeitszeit werden ebenfalls an dieser Stelle eingegeben.

Validierung

1. Navigation

Gewichtungen

Auftragsabwicklung (Σ = 100)

Gewichtung_Kosten [0;100]	0
Gewichtung_Zeit [0;100]	100
Gewichtung_Qualität [0;100]	0

Parameterliste

Auftragsabwicklung

Mutationsrate [0;1]	0,50
Rekombinationsrate [0;1]	0,10
Anzahl_der_Generationen	10
Anzahl_der_Individuen	20

Anzahl der Aufträge im Simulationszeitraum (240 Arbeitsstunden)

Betriebsmittel

Mitarbeiter

Validierung

Start Simulation Auftragsabwicklung

Bewertung durch genetischen Algorithmus: 126.030,00

Nr.	Betriebsmittel	Anzahl
21	Standardschreibtisch	18
22	Etikettendrucker	1
23	PC + Drucker	5
24	PC Standard	8
25	Papier	2
26	CAD-System	2
27	Plotter	6
28.	PPS-Arbeitsplatz	4
29	Handhabungsgerät 1	2
30	Handhabungsgerät 2	1
31	Handhabungsgerät 3	1

Geschäftsprozeß	Anzahl Aufträge	Aufträge pro Woche	Simulationsdauer [h]	Wochenarbeitszeit [h]
Auftragsabwicklung	4200	647,50	240	37
Produktentwicklung	0	0,00	0	37
Vertriebsprozeß	0	0,00	0	37
Dienstleistungsprozesse	0	0,00	0	37

Nr.	Qualifikation	Anzahl
1	Angelernte Kraft	44
2	Basiskenntnisse	18
3	Experte	5

Bild 8-5   **Validierungsbildschirm**

Analog den zur Optimierung verwendeten Zielkriterien Kosten, Qualität und Zeit werden im Rahmen der Validierung wiederum Validierungskennwerte bezüglich Kosten, Qualität und Zeit ermittelt. Durch den Einsatz der Simulation können Aussagen zur Validierungskennzahl Zeit hinsichtlich Durchlaufzeiten, Liegezeiten und Anzahl der aktiven Aufträge getroffen werden. Zur besseren Vergleichbarkeit werden die Validierungskennwerte des vierten abgestimmten Ablaufs als Referenzwerte auf 100 % gesetzt. Die Validierungskennwerte der drei anderen Abläufe werden entsprechend auch in % angegeben und können so mit dem abgestimmten Ablauf verglichen werden.

Die jeweilige Differenz der Validierungskennwerte gibt entsprechend eine prozentuale Verbesserung bzw. Verschlechterung an. Beträgt die Differenz des Validierungskennwerts Kosten z.B. 5%, so produziert der bessere Ablauf 5% weniger Kosten gegenüber dem abgestimmten Ablauf. Im Diagramm aufgetragen, wäre der um 5% günstigere Ablauf mit einem Kostenkennwert von 105% dargestellt. Dies bedeutet: je höher die Säule eines Kennwerts in den folgenden Diagrammen, desto besser der Ablauf.

Auswertung der Validierungskennwerte bezüglich Kosten

Zur Betrachtung der Kosten eines Geschäftsprozesses werden gemäß dem hedonistischen Modell /VoB1996, S. 177ff/, /Sas87/ die Mitarbeiter mit ihren jeweiligen Qualifikationen herangezogen. Ziel ist es, daß Prozesse mit gleicher Qualifikationsanforderung aufeinander folgen und dadurch überwiegend von einem Mitarbeiter mit passender Qualifikation bearbeitet werden. Es soll sichergestellt werden, daß Prozesse seltener von überqualifiziertem Personal ausgeführt werden und dadurch überflüssig hohe Kosten eingespart werden.

Hieraus kann der Validierungskennwert Kosten abgeleitet werden. Zur Kennwertermittlung wird die Anzahl der Übergänge zwischen Prozessen, die die gleiche Qualifikation erfordern, betrachtet und ins Verhältnis zur Gesamtanzahl der Übergänge gesetzt.

Wie in Bild 8-6 dargestellt, ist der kostenoptimierte Ablauf, also der Ablauf mit dem größten Kostenkennwert, auch der kostengünstigste. Er liegt 6% über dem Referenzwert des abgestimmten Ablaufs, der jeweils 2% besser ist als die qualitäts- und zeitoptimierten Abläufe.

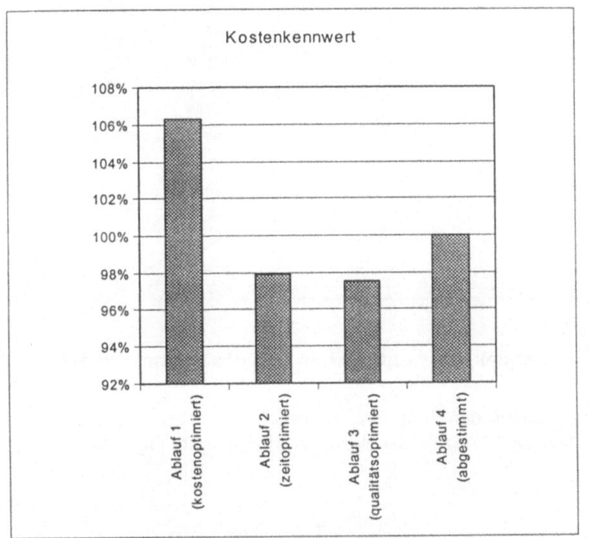

Bild 8-6   **Vergleich der optimierten Abläufe anhand der Kostenkennwerte**

Auswertung der Validierungskennwerte bezüglich der Zeit

Zur Auswertung des optimierten Ablaufs unter dem Kriterium Zeit stehen die drei Validierungskennwerte "Anzahl der aktiven Aufträge im Ablauf", "durchschnittliche Durchlaufzeit" sowie "durchschnittliche Liegezeit" zur Verfügung. Die Anzahl der aktiven Aufträge gibt an, wieviele Aufträge sich gleichzeitig im Durchlauf befinden. Die Durchlaufzeit setzt sich aus der Vorgangsdauer und der Liegezeit zusammen.

Wie in Bild 8-7 und Bild 8-8 zu sehen ist, verhalten sich die Anzahl der aktiven Aufträge und die Durchlaufzeit ähnlich. Der zeitoptimierte Ablauf stellt wie erwartet den besten Ablauf dar. Die Abstände zum qualitätsoptimierten und zum abgestimmten Ablauf sind jedoch nicht sehr groß. Dahingegen fällt der kostenoptimierte Ablauf deutlich ab. Der Grund hierfür ist, daß mit einer zunehmenden Anzahl von Aufträgen im Geschäftsprozeß der Durchlauf "verstopft" wird.

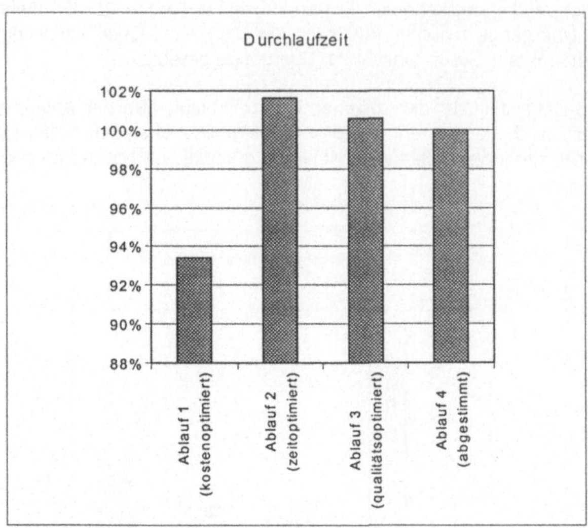

Bild 8-7   **Vergleich der optimierten Abläufe anhand der aktiven Aufträge**

Der abgestimmte Ablauf, der zu 40% kostenoptimiert wurde, zeigt sowohl in der Durchlaufzeit als auch in der Kennzahl "Anzahl der aktiven Aufträge" gute Ergebnisse.

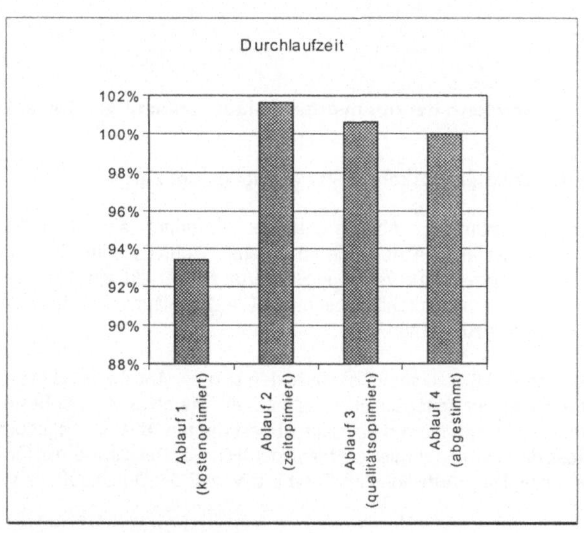

Bild 8-8   **Vergleich der optimierten Abläufe anhand der Durchlaufzeiten**

Bei der gesonderten Betrachtung der Liegezeiten, wie in Bild 8-9 dargestellt, steht der abgestimmte Ablauf an erster Stelle. Daß dieser Ablauf die kürzesten Liegezeiten aufweist und trotzdem eine insgesamt längere Durchlaufzeit besitzt, wie in Bild 8-8 zu sehen, liegt daran, daß im zeitoptimierten Ablauf die Prozesse verstärkt parallel abgearbeitet werden.

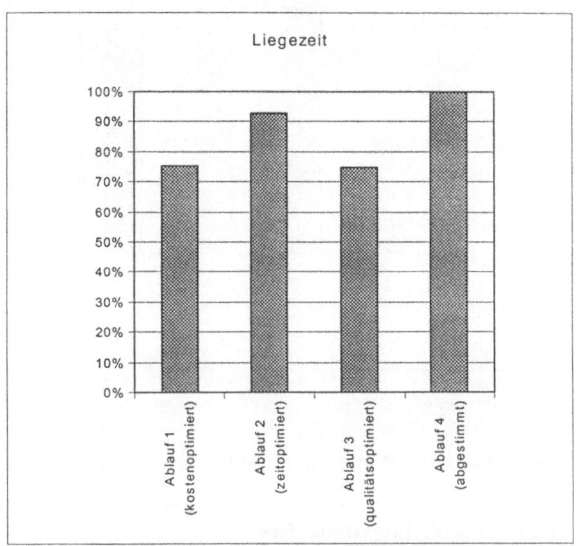

Bild 8-9   **Vergleich der optimierten Abläufe anhand der Liegezeiten**

Auswertung der Validierungskennwerte bezüglich Qualität

Mit den Validierungskennwerten bezüglich Qualität soll eine Bewertung des Ablaufs im Hinblick auf eine mögliche Fehlerentstehung durchgeführt werden. Die Grundlage der Validierungskennzahl besteht darin, daß die Qualität eines Auftrags umso höher ist, je geringer die Anzahl der Funktionsbereichswechsel ist. Ideal wäre es, einen Ablauf innerhalb eines Funktionsbereichs komplett abzuarbeiten. Dieser Validierungskennwert Qualität entspricht dem Lösungsansatz zur Standardbewertungsfunktion des genetischen Algorithmus.

Explizit drückt der Qualitätskennwert das Verhältnis der Übergänge während eines Auftrags zwischen Einzeltätigkeiten innerhalb gleicher Funktionsbereiche und den Übergängen zwischen Einzeltätigkeiten unterschiedlicher Funktionsbereiche aus. Dieses Verhältnis wird wiederum am abgestimmten Ablauf ausgerichtet. Wie in Bild 8-10 dargestellt, zeigt sich der qualitätsoptimierte Ablauf als die beste Lösung.

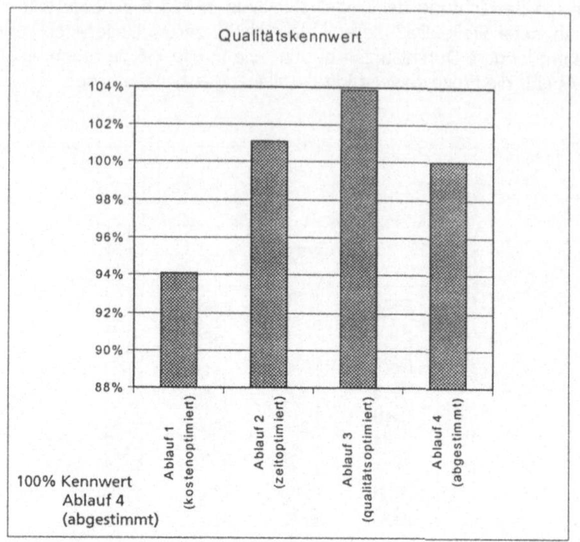

Bild 8-10   **Vergleich der optimierten Abläufe anhand der Qualitätskennwerte**

Zusammenfassung der Validierungsergebnisse

Im Rahmen der Validierung bestätigen sich, entsprechend der Gewichtung der Bewertungskriterien, die zu erwartenden Stärken und Schwächen der einzelnen Abläufe.

Betrachtet man ausschließlich die Kostenkennwerte, so erscheint der kostenoptimierte als der beste Ablauf. Berücksichtigt man jedoch die Durchlauf- und Liegezeiten sowie die Qualitätskennwerte als weitere Einflußfaktoren der Kosten hinzu, kann der kostenoptimierte Ablauf nicht überzeugen und erbringt sogar jeweils die schlechtesten Ergebnisse. Ähnliche Stärken und Schwächen, wenn auch nicht in einer solchen Ausprägung, zeigen für sich alleine betrachtet der zeit- und der qualitätsoptimierte Ablauf. Einzig der abgestimmte Ablauf weist keine Schwächen auf und ist im oberen Bereich bei allen drei Bewertungskriterien vertreten. Bild 8-11 stellt die vier betrachteten Abläufe gegenüber.

Der sehr praxisorientierte Modellierungs- und Optimierungsansatz liefert dem Organisator bei der Gestaltung von Geschäftsprozessen schnell erstklassige Ergebnisse, mit denen er unterschiedliche Zielsetzungen bei der Ablaufgestaltung von Geschäfts- und Produktionsprozessen berücksichtigen kann. Eine einfache Modellbeschreibung und eine im Anschluß durchgeführte Validierung, die durch eine Simulation unterstützt wird, stellen ein ganzheitliches Verfahren zur Verfügung.

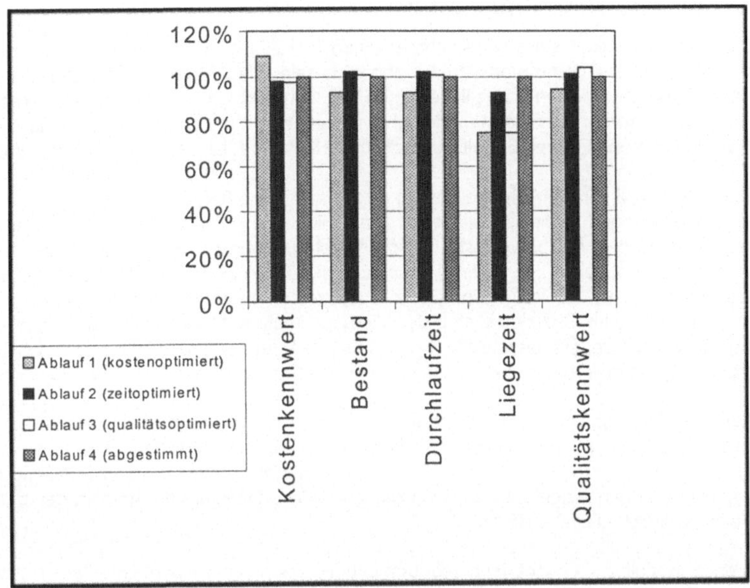

Bild 8-11   **Gegenüberstellung der optimierten Abläufe**

Aufgrund eines sehr schnellen Regelkreises zwischen Konzeption und Bewertung verkürzt sich die Konzeptionsphase um bis zu 40%. Zudem können sehr komplexe Zusammenhänge anschaulich abgebildet und präsentiert werden. Dadurch können Schwachstellen bereits im Vorfeld erkannt und beseitigt werden.

Der Modellierungsansatz unterstützt Veränderungsprozesse auch über die Konzeptions- und Realisierungsphase hinaus. Er eignet sich ausgezeichnet als weiterführendes Controlling- und Navigationsinstrumentarium. Konzepte zur kontinuierlichen Verbesserung und Unternehmensentwicklung können hervorragend damit gestaltet werden. Geschäftsprozesse werden kontinuierlich gestrafft und beschleunigt. Die Unternehmen bekommen so die Möglichkeit, schnell und wirkungsvoll auf Veränderungen des Marktes bzw. des Kundenverhaltens zu reagieren.

9 Zusammenfassung und Ausblick

Die Wettbewerbsfähigkeit eines Unternehmens wird in Zukunft in starkem Maße von der Leistungsfähigkeit seiner Organisationsstruktur abhängig sein. Die Gründe dafür liegen zum einen in der vom Markt geforderten Schnelligkeit und Flexibilität und zum anderen in der Vernetzung der Märkte. Das erfordert flexible Managementwerkzeuge, mit denen der Manager das rasante Tempo der Innovationen, deren Entwicklung oft unvorhersehbar ist, beherrschen kann /Bau98/.

Der Organisator wird vor die Aufgabe gestellt, organisatorische Reibungsverluste zu minimieren und auf Veränderungen schnell zu reagieren. Die vorliegende Arbeit leistet einen Beitrag dazu, das Management bei wettbewerbsstrategischen Veränderungsprozessen der Organisationsstrukturen zu unterstützen. Es wurde ein durchgängiges Verfahren zur Modellierung, Bewertung, Optimierung und Validierung von Geschäftsprozessen entwickelt. Dieses Verfahren bietet den Rahmen für eine im Grunde beliebig detaillierbare Analyse, Modellierung und Optimierung von Geschäftsprozessen. Der genetische Algorithmus als Kern der Optimierung ist so konzipiert, daß wechselnde Anforderungen bei der Bewertung von Geschäftsprozessen entkoppelt sind.

Die Bewertungskriterien hinsichtlich der drei klassischen Kenngrößen Kosten, Qualität und Zeit sind automatisiert und können die Realität daher nur vereinfacht abbilden. Es wurde ein Kontrollmechanismus in Form einer Validierung mit einer anschließenden manuellen Manipulation einzelner Bewertungen eingeführt. So wird gewährleistet, daß das Verfahren in der betrieblichen Praxis verläßliche Ergebnisse liefert.

Das Referenzmodell zur Geschäftsprozeßoptimierung, exemplarisch betrachtet am Geschäftsprozeß der Auftragsabwicklung, stellt ein universelles Grundkonzept dar. Das Verfahren kann einfach an weitere Geschäftsprozesse, wie z.B. Produktentwicklung, Vertriebsprozeß oder andere Dienstleistungsprozesse angepaßt werden.

Die Ergebnisse aus der Praxisanwendung des Optimierungsverfahrens - es wurde ein Systemprototyp realisiert - belegen die Notwendigkeit und die Funktionsfähigkeit des Optimierungsverfahrens. Darüber hinaus konnten die prognostizierten Nutzenpotentiale des Optimierungsverfahrens bestätigt werden.

Alles in allem ist mit diesem Verfahren ein offenes Werkzeug zur Prozeßmodellierung und -optimierung, einschließlich einer Standort- und Ressourcenerfassung entstanden. Die Offenheit des Optimierungswerkzeuges stellt sein großes Potential für die zukünftige Weiterentwicklung des bestehenden Optimierungsverfahrens dar. Bild 9-1 zeigt diese Entwicklungsmöglichkeiten.

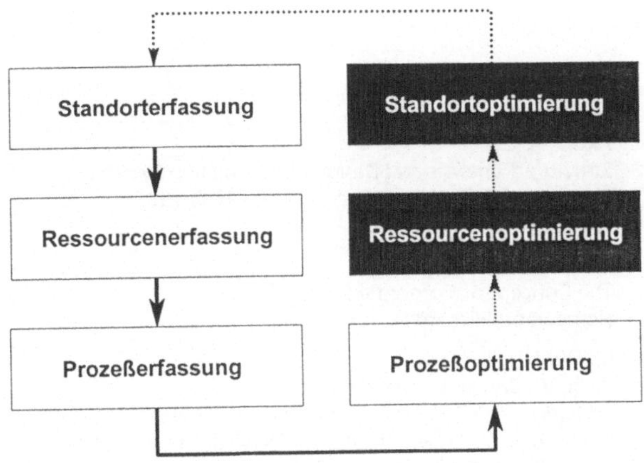

Bild 9-1   **Weiterentwicklungsmöglichkeiten des beschriebenen Verfahrens**

Die wesentlichen Ansatzpunkte für die Weiterentwicklung des bestehenden Optimierungsverfahrens sind:

- An die Geschäftsprozeßoptimierung könnte die Generierung einer kompletten Unternehmensstruktur anschließen. Dies ist insbesondere bei der Weiterentwicklung von virtuellen Unternehmensstrukturen eine sehr interessante Möglichkeit.

- Im Vorfeld der Geschäftsprozeßoptimierung könnten die erforderlichen Geschäftsprozesse aus dem Produkt bzw. der Dienstleistung abgeleitet werden (Ausbau des Referenzmodells).

- Die Integration einer Ressourcenbedarfsermittlung (Ressourcenoptimierung) in das Optimierungsverfahren steht zur Disposition.

- Die Layoutplanung bis hin zur Standortplanung eines Werks oder eines Unternehmens (Standortoptimierung) könnte vorgenommen werden.

- Der genetische Optimierungsalgorithmus könnte im Bereich der Lagerplanung sowie der Anlagen- und Prozeßsteuerung eingesetzt werden.

10 Literatur

/1/   [Akt87]
Aktas, A. Z.:
Structured Analysis and Design of Information Systems.
Englewood Cliffs, New Jersey: Prentice-Hall, 1987.

/2/   [And80]
Andrews, Kenneth R.:
The Concept of Corporate Strategy.
Homewood: Richard D. Irwin, 1980.

/3/   [BBÖ95]
Bach, V.; Brecht, L.; Österle, H.:
Software-Tools für das Business Process Redesign.
Hochschule St. Gallen. Institut für Wirtschaftsinformatik.
Baden-Baden: FBO-Verlag, 1995.

/4/   [Bäc90]
Bäck, H.:
Just-in-Time Optimierung im Info- und Materialfluß – Praktische Methoden,
um die Just-in-Time Ausrichtung zu messen und zu steuern.
In: Planung und Produktion, Nr. 4, 1990.

/5/   [BaPl93]
Bauske, J.; Pleus; P.:
Umstrukturierung vom Scheitel bis zur Sohle am Beispiel eines Unternehmens
der Automobilindustrie.
In: IPA-Technologie-Forum. Zukunftsorientiertes Produktionsmanagement im
Verbund mit moderner Informationstechnologie. Stuttgart, 1993.

/6/   [Bau98]
Bauske, J.:
Innovation durch Information:
Unternehmen modellieren, Abläufe simulieren und Ergebnisse visualisieren.
In: FB/IE, Heft 4, 1998, S. 176-178.

/7/   [Ber91]
Berkau, C.:
Vokal: System zur Vorgangskettendarstellung und -analyse.
Veröffentlichung des Instituts für Wirtschaftsinformatik an der Universität des
Saarlandes, Heft 82, Juni 1991.

/8/   [BeTh92]
Bevilacqua, R.J.; Thornhill, D.E.:
Process Modeling.
American Programmer, 5/1992, S. 2-9.

/9/   [Blo77]
Blohm, H.:
Organisation, Information und Überwachung.
Wiesbaden: Gabler Verlag, 1977.

/10/   [Blum91]
Blum, E.:
Betriebsorganisation: Methoden und Techniken.
3. erweiterte Auflage.
Wiesbaden: Gabler Verlag, 1991.

/11/   [BodLa95a]
Bodendiek, R.; Lang, R.:
Lehrbuch der Graphentheorie. Band 1.
Heidelberg u.a.: Spektrum Akademischer Verlag, 1995.

/12/   [BodLa95b]
Bodendiek, R.; Lang, R.:
Lehrbuch der Graphentheorie. Band 2.
Heidelberg u.a.: Spektrum Akademischer Verlag, 1995.

/13/   [Boo94]
Booch, G.:
Object Oriented Analysis and Design with Applications.
Menlo Park, CA: Benjamin/Cummings, 1994.

/14/   [Booch91]
Booch, G.:
Object-Oriented Design.
Redwood City, Calif.: Benjamin/Cummings, 1991.

/15/   [Bro89]
Brockhoff, K.:
Schnittstellen-Management.
Stuttgart: Poeschel Verlag, 1989.

/16/   [Bru92]
Bruce, Th.:
Designing Quality Databases with IDEFIX Information Models.
New York: Dorset House Publishing, 1992.

/17/   [BT92]
Bevilacqua, R.J.; Thornhill, D.E.:
Process Modeling.
American Programmer, 5/1992, S. 2-9.

/18/   [Büh94]
Bühner, R.:
Betriebswirtschaftliche Organisation.
7., verbesserte und ergänzte Auflage, München, Wien: Oldenbourg, 1994.

/19/   [BuWa96]
Bullinger, H.-J.; Wasserloos, G.:
Projektmanagement und Simultaneous Engineering.
Stuttgart: Vorlesungsmanuskript der Universität Stuttgart, Wintersemester
1995/96.

/20/   [Cha62]
Chandler, A. D.:
Strategy and Structure.
London: Cambridge, 1962.

/21/   [Chen76]
              Chen, P.P.S.:
              The Entity-Relationship model - toward a unified view of data.
              ACM Transactions on Database Systems 1, March 1976.

/22/   [ClaHo94]
              Clark, J.; Holton, D. A.:
              Graphentheorie: Grundlagen und Anwendungen.
              Mannheim u.a.: Wissenschaftsverlag, 1994.

/23/   [CoYo90]
              Coad, P.; Yourdon, E.:
              Object-Oriented Analysis.
              Englewood Cliffs, New Jersey: Yourdon Press, 1990.

/24/   [DaGe78]
              Daellenbach, Hans G.; George, John A.:
              Introduction to Operations Research Techniques.
              Boston, u.a.: Allyn and Bacon, Inc. 1978.

/25/   [DaSh90]
              Davenport, Th. H.; Short, J.E.:
              The New Industrial Engineering: Information Technology and Business Process
              Redesign.
              Sloan Management Review, Vol. 32 (Summer), 1990, S. 11-27.

/26/   [Dav93]
              Davenport, T.H.:
              Process innovation: reengineering work through information technology.
              Boston, MA: Harvard Business School Press, 1993.

/27/   [Dec91]
              Deckert, K.:
              Organisationen organisieren.
              Erfurt/Bonn: Deutscher Kommunalverlag, 1991.

/28/   [Die90]
              N.N.:
              Weg von der Technik - hin zur Reorganisation.
              Diebold Management Report, Nr. 1/1990 S. 1-5.

/29/   [DeMa79]
              DeMarco, T.:
              Structured Analysis and Systems Specification.
              Englewood Cliffs, New Jersey: Prentice-Hall, 1979.

/30/   [DoLa95]
              Doppler, K.; Lauterburg, C.:
              Change Management: den Unternehmenswandel gestalten.
              4. Auflage. Frankfurt u.a.: Campus Verlag, 1995.

/31/   [DSW93]
              Dueck, G.; Scheuer, T.; Wallmeier, H.M.:
              Toleranzschwelle und Sintflut: neue Ideen zur Optimierung.
              Spektrum der Wissenschaft, März 1993, Seite 42ff.

/32/   [Eip92]
           Eiperle, G.:
           Gestaltung der Bürokommunikation durch Vorgangssimulation - eine Fallstu-
           die.
           Information Management 2, 1992, S. 42-49.

/33/   [Eng92]
           Engel, A.:
           Beyond CIM - Bionic Manufacturing Systems in Japan.
           In: IEEE Expert August, 1990.

/34/   [EPS92]
           Eiselt, H. A.; Pederlozi, G.; Sandblom, C.-L.:
           Continuous Optimization Models.
           Berlin u.a.: de Gruyter, 1992.

/35/   [ESP93]
           ESPRIT Consortium AMICE (Eds.): CIM-OSA:
           Open System Architecture for CIM.
           2nd, revised and extended edition, Springer-Verlag, Berlin, Heidelberg, New
           York, Rokio u.a., 1993.

/36/   [EMS89]
           Eversheim, W.; Melchert, M.; Schütt, J.M.:
           Leitstand für die Auftragsabwicklung.
           In: Logistik im Unternehmen 3 (1989) 10, S. 40-43.

/37/   [Ev96]
           Eversheim, W.:
           Prozeßorientierte Unternehmensorganisation.
           2. Auflage
           Berlin u.a.: Springer Verlag, 1996.

/38/   [Ev97]
           Eversheim W.:
           Prozeßorientiertes Qualitätscontrolling.
           Berlin u.a.: Springer Verlag, 1997.

/39/   [Fah1995]
           Fahrwinkel, U.:
           Methode zur Modellierung und Analyse von Geschäftsprozessen zur Unter-
           stützung des Business Process Reengineering.
           1. Auflage.
           Paderborn: HNI-Verlagsschriftenreihe, 1995.

/40/   [Fär91]
           Färber, K.:
           Auftragsabwicklung in einer Serienfertigung mit kundenindividuellen Varian-
           ten.
           In: Rationelle Auftragsabwicklung, VDI-Berichte 412, VDI-Verlag, Düsseldorf,
           1981, S. 23-28.

/41/   [Fre80]
           Frese, E.:
           Grundlagen der Organisation - Die Organisationsstruktur der Unternehmung.
           Wiesbaden: Betriebswirtschaftlicher Verlag, 1980.

/42/   [FS90]
Ferstl, O.; Sinz, E.:
Objektmodellierung betrieblicher Informationssysteme im Semantischen Objektmodell (SOM).
Wirtschaftsinformatik, Jhg. 32, Heft 6, S. 566-581.

/43/   [FS93a]
Ferstl, O.; Sinz, E.:
Grundlagen der Wirtschaftsinformatik. Band 1.
München, Wien: R. Oldenbourg Verlag, 1993.

/44/   [FS93b]
Ferstl, O.; Sinz, E.:
Der Modellierungsansatz des Semantischen Objektmodells.
Bamberger Beiträge zur Wirtschaftsinformatik, Nr. 18, 1993, S. 1-20.

/45/   [Fuc93]
Fuchs, J.:
Vom Taylorismus zum Organismus - Wie Unternehmen leben lernen.
DV-Management, 2/93, S. 93-99.

/46/   [Fuc94]
Fuchs, J.:
Das vitale Unternehmen. Informatik-Netze als Nervensystem im Unternehmensorganismus.
In: Sparkasse, Heft 8, 1994, S. 374-382.

/47/   [Gai76]
Gaitanides, M.:
Prozeßorganisation.
München: Verlag Franz Vahlen, 1976.

/48/   [GIPP96]
N.N.:
Geschäftsprozeßgestaltung mit integrierten Produkt- und Prozeßmodellen: Glossar.
Saarbrücken: Institut für Wirtschaftsinformatik, Universität des Saarlandes, 1996.

/49/   [Geu97]
Geus, Arie de:
Das Geheimnis der Vitalität.
In: Harvard Business Manager, Heft: 3, 1997, S. 111-120.

/50/   [Go89]
Goldberg, D.E.:
Genetic Algorithms in Search, Optimization and Machine Learning.
New York, Sidney: Addison Wesley, 1989.

/51/   [Gomez92]
Gomez, P.:
Neue Trends in der Konzernorganisation.
In: ZfO, Zürich, 3/1992.

/52/   [Göt72]
Götzke, H.:
Netzplantechnik. 3. Auflage.
Darmstadt: Technik-Tabellen Verlag, 1972.

/53/ [Göt94]
Götzer, K.:
Lean Office: effektive Büroarbeit durch neue Technologien; Konzepte, Technik, Wirtschaftlichkeit.
München: Computerwoche, 1994.

/54/ [GoZi92]
Gomez, P.; Zimmermann, T.:
Unternehmensorganisation: Profile, Dynamik, Methodik.
Frankfurt/Main, New York: Campus Verlag, 1992.

/55/ [Gro77]
Große-Oetringhaus, W.:
Projektgestaltung mit Netzplantechnik.
Gießen: Verlag Dr. Götz Schmidt, 1977.

/56/ [Gro90]
Groß, M.:
Planung der Auftragsabwicklung komplexer, variantenreicher Produkte.
Dissertation RWTH Aachen, 1990.

/57/ [GSVR95]
Gaitanides, M.; Scholz, R.; Vrohlings, A.; Raster, M.:
Prozeßmanagement: Konzepte, Umsetzungen und Erfahrungen des Reengineering.
München, Wien: Carl Hanser Verlag, 1995.

/58/ [Ham90]
Hammer, M.:
Reengineering Work: Don't Automate, Obliterate.
Harvard Business Review, July - August 1990, S. 104-112.

/59/ [HAMN91]
Hax, Arnoldo C.; Majluf, Nicolas S.:
Strategisches Management: ein integriertes Konzept aus dem MIT.
Frankfurt/Main; New York: Campus Verlag, 1991.

/60/ [Han94]
Hanewinckel, F.:
Entwicklung einer Methode zur Bewertung von Geschäftsprozessen.
Düsseldorf: VDI-Verlag, 1994.

/61/ [Har91]
Harrington, J.H.:
Business Process Improvement.
New York: McGraw-Hill, 1991.

/62/ [Hars94]
Hars, A.:
Referenzdatenmodelle. Grundlagen effizienter Datenmodelle.
Wiesbaden: Gabler Verlag, 1994.

/63/ [HC93]
Hammer, M.; Champy, J.:
Reengineering the corporation. A Manifesto for Business Revolution.
London: Nicholas Brealy Publishing Ltd., 1993

/64/ [HeBu91]
Heinrich, L.J.; Burgholzer, P.:
Systemplanung I - Der Prozeß der Systemplanung, der Vorstudie und der Fein-
studie.
5. Auflage. München, Wien: R. Oldenbourg, 1991.

/65/ [Hei95]
Heine, J.:
Prozeßorientierte Methodik zur Einführung eines Qualitätsmanagementsy-
stems: Ein Beitrag zur Optimierung von Geschäftsprozessen in Unternehmen,
die in kleinen und mittleren Stückzahlen komplexe Produkte herstellen.
Dissertation Techn. Hochschule Aachen.
Aachen: Shaker Verlag, 1995.

/66/ [HGH90]
Heilmann, H.; Gassert, H.; Horváth, P.:
Informationsmanagement.
Stuttgart: Poeschel Verlag, 1990.

/67/ [Ho75]
Holland, J.H.:
Adaption in natural and artificial systems.
Ann Arbor: The University of Michigan Press, 1975.

/68/ [Ho94]
Horváth, P.:
Controlling.
5., überarb. Auflage. München: Vahlen, 1994.

/69/ [HoMa89]
Horváth, P.; Mayer, R.:
Prozeßkostenrechnung - Der neue Weg zu mehr Kostentransparenz und wir-
kungsvolleren Unternehmensstrategien.
In: Controlling 1 (1989) 4, S. 214-219.

/70/ [HoRe90]
Horváth, P.; Renner, A.:
Prozesskostenrechnung.
In: Fortschrittliche Buchführung, 39 (1990) 3, S. 100-107.

/71/ [HoUr90]
Horváth, P.; Urban, P.:
Qualitätscontrolling.
Stuttgart: Poeschel Verlag 1990.

/72/ [IDS94]
IDS Prof. Scheer GmbH (Hrsg.):
Business Reengineering mit dem ARIS-Toolset.
Saarbrücken, 1994.

/73/ [Itt89]
Itter, F.:
Integrierte Modellbildung und Simulation von Petri-Netzen.
In: ZwF, Jhg. 84, Nr. 2, 1989, S. 90-92.

/74/   [Jac92]
            Jacobson, I.:
            Object-Oriented Software Engineering.
            Reading, MA: Addison-Wesley, 1992.

/75/   [Jack83]
            Jackson, A. Michael:
            System Development.
            Englewood Cliffs, New Jersey: Prentice-Hall International, 1983.

/76/   [JDB92]
            Jarschel, W.; Drebinger, A.; Bolch, G.:
            Modellierung von Fertigungssystemen mit dem Petri-Netz-Simulator PETSI.
            Wirtschaftsinformatik, Jhg. 34, Heft 5 (Oktober), 1992: S. 535-544.

/77/   [Jun87]
            Jungnickel, D.:
            Graphen, Netzwerke und Algorithmen.
            Mannheim u.a.: Wissenschaftsverlag, 1987.

/78/   [Kin1994]
            Kinnebrock, W.:
            Optimierung mit genetischen und selektiven Algorithmen.
            München, Wien: Oldenbourg Verlag, 1994.

/79/   [KKST79]
            Kimm, R.; Koch, W.; Simonsmeier, W.; Tontsch, E.:
            Einführung in Software Engineering.
            Berlin, New York: De Gruyter Verlag, 1992.

/80/   [Koh96]
            Kohl, C.:
            Objektorientierte Analysekonzepte in der Unternehmensmodellierung.
            In:
            Vossen, Gottfried; Becker, Jörg:
            Geschäftsprozeßmodellierung und Workflow-Management.
            1. Auflage.
            Bonn, Albany: International Thomson Publishing GmbH, 1996.

/81/   [Kos76]
            Kosiol, E.:
            Organisation der Unternehmung.
            Wiesbaden: Gabler Verlag, 1976.

/82/   [Kre94]
            Kreuz, W.:
            Benchmarking: Voraussetzung für den Erfolg von TQM.
            In: Mehdorn, Hartmut; Töpfer, Armin:
            Besser - schneller - schlanker: TQM-Konzepte in der Unternehmenspraxis.
            Berlin: Luchterhand, 1994.

/83/   [Küh94]
            Kühnle, H.:
            Die Fraktale Fabrik - Neue Organisationsformen - Der Mensch im Mittelpunkt
            der Fabrik.
            In: Kunerth, W.: Menschen, Maschinen, Märkte. Heidelberg u.a., Springer-
            Verlag, 1994

/84/   [LABBLR91]
Lehner, F.; Auer-Rizzi, W.; Bauer, R.; Breit, K.; Lehner, J.; Rehner, G.:
Organisationslehre für Wirtschaftsinformatiker.
München, Wien: Carl Hanser Verlag, 1991.

/85/   [Lie92]
Liebelt, W.:
Methoden und Techniken der Ablauforganisation.
In Frese, E. (Hrsg.): Handwörterbuch der Organisation.
3. Auflage. Stuttgart: C.E. Poeschel, 1992.

/86/   [LKM92]
Lilien, G.L.; Kotler, P.; Moorthy, K.S.:
Marketing Models.
Englewood Cliffs, New Jersey: Prentice-Hall, 1992.

/87/   [Luk97]
Lukas, A.:
Anforderungen an das vitale Unternehmen: Welche Faktoren den Erfolg von
morgen sichern.
In: Gabler's Magazin, Heft 3, 1997, S. 28-30.

/88/   [Mae96]
Maelicke, B.:
Qualitätsmanagement in sozialen Betrieben und Unternehmen.
Baden-Baden: Nomos Verlagsgesellschaft, 1996.

/89/   [Mar90]
Martin, J.:
Information Engineering. Book II: Planning and Analysis.
Englewood Cliffs, New Jersey: Prentice-Hall, 1990.

/90/   [Mey95]
Meyer, M. (Hrsg.):
Constraint Processing. Selected Papers.
Berlin u.a.: Springer Verlag, 1995.

/91/   [MEFA96]
Mertens, P.; Faisst, W.:
Virtuelle Unternehmen. Eine Organisationsstruktur der Zukunft?
In: Wirtschaftswissenschaftliches Studium, 6/1996, S. 280-285.

/92/   [Mich94]
Michalewicz, Z.:
Genetic Algorithms + Data Structures = Evolution Programms.
2nd, extended Edition. Berlin u.a.: Springer Verlag, 1994.

/93/   [Möh89]
Mörhle, M.:
Petrinetze in der Produktionstechnik - Integration von Planung, Simulation
und Steuerung von Produktionsanlagen.
Dissertation Lehrstuhl für Produktionssysteme und Prozeßleittechnik der Ruhr-
Universität Bochum, 1989.

/94/	[MoRo95] Montanari, U.; Rossi, F. (Hrsg.): Principles and Practice of Constraint Programming CP'95. First International Conference, CP'95. Cassis, France, September 19-22, 1995. Proceedings. Berlin u.a.: Springer Verlag, 1995.
/95/	[MOS95] Mees, J.; Oefner-Py, S.; Sünnemann, K.-O.: Projektmanagement in neuen Dimensionen. 2. Auflage. Wiesbaden: Gabler Verlag, 1995.
/96/	[Mou91] Mouche, J.-P.: Packen wir's heute noch an! In: SMM Schweizer Maschinenmarkt, Nr. 49/1991, S. 22-27.
/97/	[Nau93] Nauer E.: Organisation als Führungsinstrument: ein Leitfaden für Vorgesetzte. Bern u.a.: Paul Haupt Verlag, 1993.
/98/	[NeMo93] Neumann, K.; Morlock, M.: Operations Research. München, Wien: Carl Hanser Verlag, 1993.
/99/	[Noa94] Noaker, Paula M.: Agile Company. New York, 1994.
/100/	[Nol76] Noltemeier, H.: Graphentheorie: mit Algorithmen und Anwendungen. Berlin u.a.: deGruyter, 1976.
/101/	[Olb94] Olbrich, T.: Das Modell der "Virtuellen Unternehmung". In: Information Management 4/1994, S. 28-36.
/102/	[Pet62] Petri, C.A.: Kommunikation mit Automaten. Dissertation der Technischen Hochschule Darmstadt, 1962.
/103/	[Pip96] Piper, N.: Angstfaktor Weltmarkt. Der globale Wettbewerb wird immer härter und bedroht sicher geglaubte Besitzstände. Einziger Ausweg: mitmachen. In: Die Zeit, Nr. 15, 1996.
/104/	[QaCh96] Quatrani, T.; Chonoles, M.: Succeeding with the Booch and OMT methods: a practical approach. Menlo Park, California, u.a.: Addison-Wesley, 1996.

- 146 -

/105/   [RBP91]
Rumbaugh, J.; Blaha, M.; Premerlani, W.; Eddy, F.; Lorensen, W.:
Object-Oriented Modeling and Design.
Englewood Cliffs, New Jersey: Prentice-Hall, 1991.

/106/   [Rec73]
Rechenberg, I.:
Evolutionsstrategie: Optimierung technischer Systeme nach Prinzipien der
biologischen Evolution.
Stuttgart: Frommann Holzboog Verlag, 1973.

/107/   [Rei86]
Reisig, W.:
Petri-Netze: eine Einführung.
Berlin u.a.: Springer Verlag, 1986.

/108/   [Ren96]
Rentschler, P.:
Welche BPR-Tools werden das Rennen machen?
In: it Management, Heft 7/8 1996.

/109/   [RoWi82]
Rosenstengel, B.; Winand, U.:
Petri-Netze - Eine anwendungsorientierte Einführung.
Braunschweig, Wiesbaden: Vieweg-Verlag, 1982.

/110/   [Rum87]
Rumbaugh, J.:
Relations as semantic constructs in an object-oriented language.
OOPSLA'87 as ACM SIGPLAN 22, 12 (Dec. 1987), 466-481.

/111/   [Rum93]
Rumbaugh, J.; u.a.:
Objektorientiertes Modellieren und Entwerfen.
München, Wien: Carl Hanser Verlag; London: Prentice-Hall International,
1993.

/112/   [Sas87]
Sassone, P. G.:
Cost-Benefit Methodology for Office Systems.
ACM Transactions on Office Information Systems 5, 1987, S. 273-289.

/113/   [Sch80a]
Schwarz, H.:
Stelle.
In: Handwörterbuch der Organisation. Hrsg. E. Grochla.
Stuttgart, 1980.

/114/   [Sch81]
Schwefel, H. P.:
Numerical Optimization of Computer Models.
Chinchester: Wiley, 1981.

/115/   [Sch82a]
Schertler, W.:
Unternehmensorganisation.
München, Wien: R. Oldenbourg, 1982.

/116/   [Sch90]
Scholz-Reiter, B.:
CIM-Informations- und Kommunikationssysteme. Darstellung von Methoden
und Konzeption eines rechnergestützten Werkzeugs für die Planung.
München, Wien: R. Oldenbourg, 1990.

/117/   [Sch91a]
Schmidt, G.:
Methode und Technik der Organisation.
9. Auflage. Gießen: Dr. Götz Schmidt, 1991.

/118/   [Sch91b]
Schneider, H.-J. (Hrsg.):
Lexikon der Informatik und Datenverarbeitung.
3. Auflage. München, Wien u.a.: R. Oldenbourg, 1991.

/119/   [Sch91c]
Scheer, A.-W.:
Architektur integrierter Informationssysteme. Grundlagen der Unterneh-
mensmodellierung.
Berlin, Heidelberg, New York u.a.: Springer Verlag, 1991.

/120/   [Sch92a]
Schmidt, Ch.:
Petri-Netze: Ein Instrument zur Lösung logistischer Probleme im CIM-Bereich.
Wirtschaftsinformatik, Jhg. 34, Heft 1 (Februar), 1992, S. 66-75.

/121/   [Sch92b]
Schmit, A.:
Transparenz mit Prozesskostenrechnung.
In: io Management Zeitschrift 61 (1992) Nr. 7/8, S. 44-48.

/122/   [Sch93a]
Schumann, M.:
Wirtschaftlichkeitsbeurteilung für IV-Systeme.
In: Wirtschaftsinformatik 35, 1993, S. 167-178.

/123/   [Sch94a]
Schweitzer, M.:
Industriebetriebslehre. Das Wirtschaften in Industrieunternehmen.
München: Vahlen, 1994.

/124/   [Sch94b]
Schöneburg, E.:
Genetische Algorithmen und Evolutionsstrategien:
Eine Einführung in Theorie und Praxis der simulierten Evolution.
Bonn u.a.: Addison-Wesley, 1994.

/125/   [Sch95a]
Scheer, A.-W.:
Wirtschaftsinformatik. Referenzmodelle für industrielle Geschäftsprozesse.
6. Auflage. Berlin, Heidelberg u.a.: Springer Verlag, 1995.

/126/   [Sch95b]
Scheer, A.-W.:
Business Reengineering mit dem ARIS-Toolset.
ARIS-Produktblatt, Juni 1995, S. 5.

/127/   [Sch95c]
             Schulte, J.:
             Werkstattsteuerung mit genetischen Algorithmen und simulativer Bewertung.
             Dissertation. Reihe IPA-IAO Forschung und Praxis Nr. 220. Berlin u.a.: Springer
             Verlag, 1995.

/128/   [Schanz94]
             Schanz, G.:
             Organisationsgestaltung.
             2. Auflage München: Verlag Franz Vahlen, 1994.

/129/   [Schu92]
             Schuler, H.:
             Lehrbuch der Organisationspsychologie.
             Bern, Göttingen, Toronto, Seattle: Verlag Hans Huber, 1992

/130/   [ScSt89]
             Schmidt, G.; Ströhlein, T.:
             Relationen und Graphen.
             Berlin u.a.: Springer Verlag, 1989.

/131/   [Seg94]
             Seghezzi, H. D.:
             Qualitätsmanagement: Ansatz eines St. Galler Konzepts.
             Stuttgart: Schäffer-Poeschel; Zürich: Verlag Neue Züricher Zeitung, 1994.

/132/   [Sen90]
             Senge, P.M.:
             The Fifth Discipline: The Art and Practise of the Learning Organisation.
             New York: Doubleday Century Business, 1990.

/133/   [Sihn95]
             Sihn, W.:
             Unternehmensmanagement im Wandel: Erfolg durch Kunden-, Prozeß- und
             Mitarbeiterorientierung.
             München: Carl Hanser Verlag, 1995

/134/   [SMJ93]
             Spur, G.; Mertins, K.; Jochem, R.:
             Integrierte Unternehmensmodellierung.
             Hrsg.: Warnecke, H.-J.; Schuster, R. und DIN Deutsches Institut für Normung
             e.V.
             Berlin, Wien, Zürich: Beuth, 1993.

/135/   [SH90]
             Stalk, J.; Hout, T.:
             Competing against Time, How Time-based Competition is Reshaping Global
             Markets.
             The Free Press, New York.
             Collier Maemillan Publishers, London, 1990.

/136/   [Ste90]
             Steinbuch, Pitter A.:
             Organisation.
             Ludwigshafen (Rhein): Kiehl, 1990.

/137/   [Sto89]
Stotko, E.:
CIM-OSA.
CIM-Management 1, 1989, S.9-15.

/138/   [Str88]
Striening, H.-D.:
Prozeß-Management: Versuch eines integrierten Konzepts situationsadäqua-
ter Gestaltung von Verwaltungsprozessen in einem multinationalen Unter-
nehmen.
– IBM Deutschland GmbH –
Lang-Verlag, Frankfurt a. M., Bern, New York, Paris, 1988.
Dissertation, Universität Kaiserslautern, 1988.

/139/   [Süs91]
Süssenguth, W.:
Objektorientierte Technologien.
Bonn, München, Paris u.a.: Addison-Wesley, 1992.

/140/   [Tay92]
Taylor, David A.:
Objektorientierte Technologien.
Ein Leitfaden für Manager.
Bonn; München; Paris u.a.: Addison-Wesley, 1992.

/141/   [TCN96]
Taudes, P.; Cilek, P.; Natter, M.:
Ein Ansatz zur Optimierung von Geschäftsprozessen.
In: Vossen, Gottfried; Becker, Jörg:
Geschäftsprozeßmodellierung und Workflow-Management.
1. Auflage.
Bonn, Albany: International Thomson Publishing GmbH, 1996.

/142/   [Tik94]
Tikart, J.:
Lean Company.
In:
Mehdorn, H.; Töpfer, A.:
Besser - schneller - schlanker: TQM-Konzepte in der Unternehmenspraxis.
Berlin: Luchterhand, 1994, S. 363.

/143/   [TJ92]
Tönshoff, H.K.; Jürging, C.P.:
CIM-OSA - Geschäftsprozeßmodellierung zur Anforderungsbeschreibung für
unternehmensspezifische CIM-Anwendungen.
CIM Management 6, 1992, S. 62-67.

/144/   [Trän91]
Tränckner, J.-H.:
Entwicklung eines prozeß- und elementorientierten Modells zur Analyse und
Gestaltung der technischen Auftragsabwicklung von komplexen Produkten.
Dissertation Fakultät für Maschinenwesen der Rheinisch-Westfälischen Tech-
nischen Hochschule Aachen, 1991.

/145/   [Tri93]
               Trigeorgis, L.:
               Real Options and Interactions with Financial Flexibility.
               Financial Management 22, 1993, S. 202-224.

/146/   [VeWi96]
               Vetter, R.; Wiesenbauer, L.:
               Vernetzte Organisation. Projektorientierte Unternehmensführung als Weg aus
               der Krise 1-2.
               In: Office Management, 5/1996, S. 51-71.

/147/   [VoB1996]
               Vossen, G.; Becker, J.:
               Geschäftsprozeßmodellierung und Workflow-Management.
               1. Auflage.
               Bonn, Albany: International Thomson Publishing GmbH, 1996.

/148/   [War92]
               Warnecke, H.-J.:
               Die Fraktale Fabrik.
               Eine Revolution der Unternehmenskultur.
               Berlin u.a.: Springer Verlag, 1992.

/149/   [West92]
               Westkämper, E.:
               Präventive Qualitätssicherung - Null-Fehler-Produktion in der Fabrik der Zu-
               kunft.
               In: Integrierte Qualitätssicherung in der Produktion; VDI-Berichte 996; Düssel-
               dorf: VDI-Verlag, 1992.

/150/   [Wil87]
               Wildemann, H.:
               Auftragsabwicklung in einer computergestützten Fertigung (CIM).
               In: ZfB 57, (1987) 1, S. 6-31.

/151/   [Wit1995]
               Wittlage, H.:
               Organisationsgestaltung unter dem Aspekt der Geschäftsprozeßoptimierung.
               In: ZfO - Zeitschrift Führung & Organisation, 1995, Nr. 4, S. 210-214.

/152/   [Wol88]
               Wollnik, M.:
               Ein Referenzdatenmodell des Informations-Managements.
               In: Information Management, 3, 1988.

/153/   [WW93]
               N.N.:
               Der feine Unterschied.
               Wirtschaftswoche, Nr. 4, 22.1.1993, S.44.

11 Anhang

11.1 Verfahren zur Gewährleistung gültiger Lösungen

11.1.1 Anforderungen

Die Frage "Was unterscheidet gültige Abläufe von ungültigen?" und die damit in Zusammenhang stehende Frage "Wie stellt man sicher, daß bei einer Änderung des Graphen dieser weiterhin gültig bleibt?", sind die zentralen Elemente der Implementierung.

Durch viele Versuche mit einfachen Repräsentationen[46] konnten folgende "constraints" für gültige Abläufe festgemacht werden. Hierzu muß ein Ablauf zunächst als Digraph begriffen werden. Für gültige Abläufe gilt dann:

- Jeder Knoten hat mindestens einen Nachfolger und mindestens einen Vorgänger, Ausnahmen sind der Startknoten und der Endknoten.

- Der Graph ist kreisfrei.

- Alle notwendigen Pfade, die dem Netzplan entnommen werden können, existieren in dem Graph.

- Der Graph enthält keine redundanten Verbindungen.
  Eine Verbindung ist genau dann redundant, wenn der Netzplan auch ohne sie erfüllt ist.

Anmerkung:
Constraint (1) beinhaltet constraint (2), sofern man vorraussetzt, daß für den gegebenen Netzplan constraint (1) erfüllt ist. Dies wird im folgenden verlangt und constraint (1) und (2) zusammenfassend als Netzplanverletzung bezeichnet.

11.1.2 Auswertung der Anforderungen

Die Versuche mit Adjazenzmatrizen constraints für gültige Abläufe festzustellen, zeigen nicht nur, welche constraints erfüllt sein müssen, damit ein Ablauf gültig ist, sondern viel mehr das Verhältnis von gültigen zu ungültigen Abläufen.

Geht man beispielsweise davon aus, daß zur Repräsentation eines Ablaufs eine einfache Verbindungsmatrix verwendet wird, so gibt es $2^{V \cdot V}$ mögliche Abläufe, von denen allerdings nur ein Bruchteil einen gültigen Ablauf repräsentiert. [V bestimmt hierbei die Anzahl der Einzelprozesse bzw. Anzahl der Knoten im Netzplan.] So kann z.B. eine Matrix entstehen, die überhaupt keine Verbindung zwischen Knoten vorsieht. Hierbei kann es sich offensichtlich um keinen gültigen Ablauf handeln. Viele weitere dieser Lösungen sind unvollständig oder entsprechen nicht den Anforderungen des Netzplans. Es stellen vermutlich mehr als 70% aller Belegungen der Matrix ungültige Abläufe dar.

Für den Umgang mit ungültigen Lösungen bzw. Constrained Optimization Problems werden in der Literatur einige Methoden für genetische Algorithmen aufgezeigt. Die wohl bekannteste Methode ist die Penalty Function /Go89/, die bei Verletzung eines constraints die Score (Bewertung) des Individuums (Ablauf) reduziert. Diese Methode erbrachte nicht den erhofften Erfolg,

---

[46] Als Repräsentationsform wurde eine Verbindungsmatrix benutzt.

da das Verhältnis zwischen ungültigen und gültigen Abläufen deutlich zu hoch ist. Darüber hinaus haben diese und viele andere Methoden, die in Erwägung gezogen wurden, den Nachteil, daß unnötig Rechnerzeit verbraucht wird, um ungültige Individuen zu erzeugen und zu bewerten.

11.1.3 Wahl der Repräsentation und der Operatoren

Aus obigen Überlegungen wird klar, daß der einzig erfolgversprechende Weg derjenige ist, der das Erzeugen von ungültigen Individuen umgeht. Hierzu bieten sich grundsätzlich zwei Methoden an.

Zum einem gibt es die Projektion des Suchraums S auf einen Unterraum S', in dem alle gültigen Lösungen liegen. Allerdings ist dies mit einem enormen mathematischen Aufwand verbunden. Zusätzlich ist nicht klar, ob für jedes Problem solch eine Projektion existiert.

Eine weitere Möglichkeit ist die Konstruktion von Special Genetic Operators, wie sie zur Lösung vieler Probleme von Zbigniew Michalewicz /Mich94/ eingesetzt werden. Hierbei handelt es sich um genetische Operatoren zur Initialisierung, Mutation und Rekombination, welche im Gegensatz zu "trivialen" genetischen Operatoren die Datenstrukturen nicht nur rein zufällig verändern. Sie werden speziell für eine bestimmte Klasse von Problemen entworfen und tragen Information über das Problem. Sie sind somit "intelligent".

In unserem Fall tragen die Special Genetic Operators das Wissen über die constraints für gültige Graphen in sich. Sie beschreiben die Vorgehensweise, wie man von einem gültigen Ablauf zu einem anderen Ablauf kommt, der ebenfalls alle constraints erfüllt.

Um die Formulierung der Special Genetic Operators möglichst einfach zu gestalten, wurde in dieser Arbeit eine objektorientierte Repräsentation eines Ablaufs, d.h. eines Individuums, gewählt. Dies ermöglicht es, die Vorgehensweisen zur Mutation in einer für den Menschen natürlichen Objektsicht zu formulieren und direkt mit Hilfe objektorientierter Sprachen in lauffähige Programme umzusetzen.

Als Repräsentation wird ein Objekt vom Typ Adjazenzstruktur verwandt. Dieses Objekt wird dann um einige Methoden erweitert, damit die Einhaltung der constraints überprüft und gewährleistet werden kann.

11.1.4 Systematische Lösung der Problemstellung

Eine weitere Beschäftigung mit den Versuchsergebnissen macht deutlich, daß sich die constraints in vier Kategorien einteilen lassen:

• Repairable	Redundanz
• Non-Repairable	Netzplanverletzung, Kreis
• Avoidable	Netzplanverletzung, Kreis
• Non–Avoidable	Redundanz

Die constraints-Verletzungen, die sich nicht vermeiden lassen, können repariert werden. Somit steht der Lösung des Problems nichts im Wege. In Kapitel 11.1.3 befinden sich die Algorithmen, die zur Prävention und Reparatur in dieser Arbeit eingesetzt werden.

Die Lösung der Problemstellung, wie sie aus den Anforderungen hervorgeht, erfordert Algorithmen, die entsprechend ihrer Charakteristika angewendet werden müssen. Wie in Kapitel 11.1.2 beschrieben, sind constraints entweder vermeidbar oder aber reparierbar. Um die constraints erfüllen zu können, werden zunächst drei Algorithmen eingeführt. Bild 11-1 zeigt diese drei Algorithmen. Aufbauend auf diesen wird dann in Kapitel 11.1.4.4 ein weiterer Algorithmus eingeführt. Er dient der Initialisierung einer Ausgangspopulation.

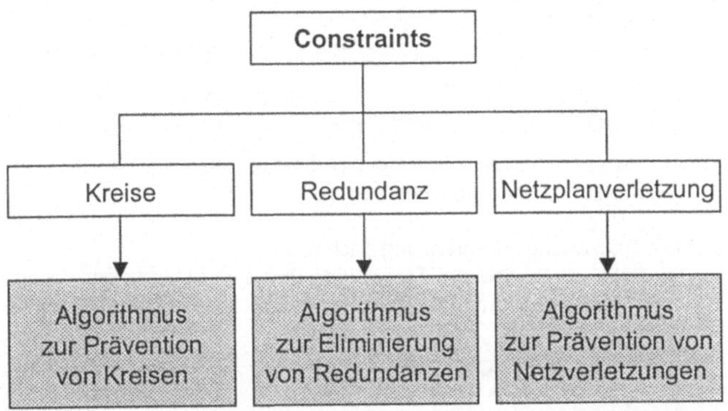

Bild 11-1   **Constraints und Algorithmen**

11.1.4.1 Algorithmus zur Prävention von Kreisen

Wird eine neue Verbindung von Knoten a nach Knoten b eingefügt, so prüfe ob b bereits von a aus nach links erreichbar ist. Ist dies der Fall, verursacht die neue Verbindung einen Kreis. Sie wird nicht eingefügt.

Der Algorithmus prüft, ob eine Verbindung von SourceNode (Ausgangsknoten) nach TargetNode (Zielknoten) einen Kreis erzeugen würde:

1. Berechne die Erreichbarkeit nach links vom SourceNode aus

2. Prüfe, ob der TargetNode in der Liste der erreichbaren Knoten enthalten ist.

3. Falls ja, nicht einfügen, sonst würde die Verbindung einen Kreis erzeugen.

4. Ansonsten kann die Verbindung bedenkenlos eingefügt werden.

11.1.4.2 Algorithmus zur Prävention von Netzplanverletzungen

Wird eine neue Verbindung von Knoten a nach Knoten b eingefügt, so prüfe, ob der Knoten b oder einer seiner Nachfolger ein notwendiger Vorgänger von Knoten a ist. Ist dies der Fall, so handelt es sich um eine Netzplanverletzung. Prüfe entsprechend auch, ob der Knoten a oder seine Vorgänger ein notwendiger Nachfolger von Knoten b sind. Ist dies der Fall, so handelt es sich um eine Netzplanverletzung.

Der Algorithmus prüft, ob eine Verbindung im Falle ihrer Einfügung den Netzplan verletzen würde:

I.   Vertikale Anordnung – Einordnung in den richtigen Pfad.
Sie stellt sicher, daß der TargetNode nicht parallel zu einem notwendigen direkten Vorgänger angeordnet wird.

    A.   Erstelle eine Liste der notwendigen Vorgänger mit Hilfe der Erreichbarkeit nach links im Netzplan.

    B.   Lösche aus dieser Liste diejenigen Knoten heraus, die nicht im Ablauf existieren.

    C.   Überprüfe, ob alle noch in der Liste enthaltenen Knoten vom SourceNode oder vom TargetNode aus – sofern dieser existiert - erreichbar sind.

    D.   Ist dies nicht der Fall, erkläre die Verbindung als ungültig, da sonst die weiteren Schritte zur Validierung nicht greifen.

II.   Horizontale Anordnung – Begrenzung nach rechts.
Sie stellt sicher, daß der TargetNode und seine Nachfolger keine notwendigen Vorgänger eines vom SourceNode nach links erreichbaren Knoten sind.

    A.   Berechne die notwendigen Vorgänger der einzelnen Knoten mit Hilfe der Erreichbarkeit nach links im Netzplan.

    B.   Berechne die vorhandenen Vorgänger des SourceNodes mit Hilfe der Erreichbarkeit nach links im Ablauf (+SourceNode).

    C.   Prüfe, ob der TargetNode in der Liste der notwendigen Vorgänger der vom SourceNode nach links erreichbaren Knoten enthalten ist.

    D.   Ist dies der Fall, handelt es sich um eine Netzplanverletzung. Der Netzplan kann dann nur noch durch einen Kreis erfüllt werden.

III.   Horizontale Anordnung – Begrenzung nach links.
Sie stellt sicher, daß der TargetNode und seine Nachfolger keine notwendigen Nachfolger eines vom SourceNode nach rechts erreichbaren Knoten sind.

    A.   Berechne die notwendigen Nachfolger der einzelnen Knoten mit Hilfe der Erreichbarkeit nach rechts im Netzplan.

    B.   Berechne die vorhandenen Nachfolger des SourceNodes mit Hilfe der Erreichbarkeit nach links im Ablauf (+SourceNode).

    C.   Prüfe, ob der TargetNode in der Liste der notwendigen Nachfolger der vom SourceNode nach rechts erreichbaren Knoten enthalten ist.

    D.   Ist dies der Fall, handelt es sich um eine Netzplanverletzung. Der Netzplan kann dann nur noch durch einen Kreis erfüllt werden.

11.1.4.3 Algorithmus zur Eliminierung von Redundanz

Eine Verbindung ist genau dann redundant, wenn der Netzplan auch ohne sie erfüllt ist. Der Algorithmus prüft, ob eine Verbindung des aktuellen Ablaufs redundant ist:

I.   Erstelle eine Liste a (Adjazenzliste Ablauf) der einzelnen Verbindungen im aktuellen Ablauf.

II.   Stelle fest, welche notwendigen Pfade des Netzplans im Graph existieren und speichere diese in Liste c (Adjazenzliste Randbedingungen).

III.   Für alle i < Size (Liste a)

    A.   Lösche die i-te Verbindung aus dem Graphen und prüfe, ob immer noch alle notwendigen Pfade aus Liste c existieren.

    B.   Ist dies der Fall, so ist die Verbindung redundant und wird gelöscht.

IV.   Algorithmus zur Feststellung der Nichteinhaltbarkeit des Netzplans:

V.   Prüfe für alle notwendigen Pfade von a(i) nach b(i), ob eine direkte Verbindung von a(i) nach b(i) einen Kreis erzeugen würde. Ist dies der Fall, so ist der Netzplan nicht mehr einhaltbar.

11.1.4.4 Algorithmus zur Initialisierung

Mit Hilfe des Algorithmus zur Initialisierung wird am Anfang des Optimierungsprozesses eine Ausgangspopulation erzeugt, welche im Zuge der Optimierung weiterentwickelt wird.

I.   Selektiere einen Startknoten.
Als Startknoten kommen alle bereits im Ablauf enthaltenen Knoten in Frage, bei welchen alle notwendigen Vorgänger bereits nach links erreichbar sind und für welche auch ein Zielknoten existiert.

II.   Selektiere einen Zielknoten.
Als Zielknoten kommen alle Knoten in Frage, welche vom Zielknoten aus in der Liste aller möglichen Verbindungen aufgeführt sind und die weiterhin folgende Kriterien erfüllen:

    A.   Die Verbindung vom Start zum Zielknoten erzeugt keinen Kreis (Der Zielknoten ist bereits vom Startknoten aus nach links erreichbar).

    B.   Die Verbindung vom Start zum Zielknoten erzeugt keine Redundanz (Der Zielknoten ist bereits vom Startknoten aus nach rechts über mehr als eine Stufe erreichbar) 1-2-3-4 (+ 1-4).

    C.   Die Verbindung verletzt nicht den Netzplan nach obigem Algorithmus.

    D.   Alle notwendigen Vorgänger des Zielknotens existieren.

III.   Füge die Verbindung ein.

IV.   Prüfe, ob der Netzplan noch einhaltbar ist, falls nicht lösche den Ablauf und springe zu 1.

V.   Prüfe, ob der Netzplan nun vollständig erfüllt ist, falls nicht springe zu 1.

VI.   Prüfe, ob der Ablauf gültig ist, falls nicht lösche den Ablauf und springe zu 1.

VII.   Ende.

11.2 Implementierung

11.2.1 Das Objektmodell zur Darstellung eines Geschäftsprozesses

Das Objektmodell zeigt die Beziehung zwischen den in der Implementierung verwendeten Klassen und Objekten. Es zeigt sowohl die Gesamtsicht auf den Geschäftsprozeß als Klasse als auch die aus der jeweiligen Instanz des Geschäftsprozesses resultierenden constraints.

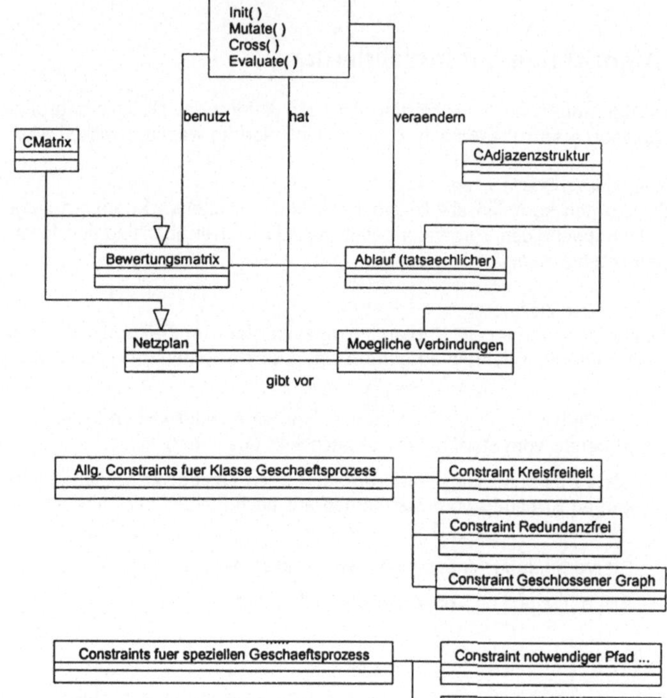

Bild 11-2   Objektmodell Geschäftsprozeß

In Bild 11-3 ist das Data Dictionary zum Objektmodell des genetischen Algorithmus dargestellt. Das Data Dictionary dient dazu, die im zugehörigen Diagramm befindlichen Klassen/Objekte zu erläutern. Das Objektmodell und das Data Dictionary stellen somit einen logischen Verbund dar.

CGeschäftsprozess	Beschreibt einen möglichen Geschäftsprozeß und dessen Rahmenbedingungen. Es handelt sich um einen konkreten, gültige Ablaufplan, dem auch eine Score (Bewertung) zugewiesen ist.
CMatrix	Zweidimensionale Matrix
Bewertungsmatrix	Beinhaltet die Score für alle möglichen Verbindungen zwischen Einzeltätigkeiten (gewichtete Adjazenzmatrix). Es handelt sich um eine Kennzahl, die außerhalb des GA aus den einzelnen Bewertungskriterien errechnet wurde.
Netzplan	Beschreibt den Netzplan in Form einer Adjazenzmatrix.
CAdjazenzstruktur	Beschreibt einen gerichteten Graph.
Ablauf	Beschreibt den konkreten Prozeßablauf in Form einer Adjazenzstruktur.
Mögliche Verbindungen	Eine Adjazenzstruktur, die alle möglichen Verbindungen enthält. Sie wird zu Beginn mit Hilfe des Netzplans erzeugt.
CConstraint	Regel, die eingehalten werden muß.
Constraints für Geschäftsprozesse	Bedingungen, die erfüllt sein müssen, um zu einen gültigen Geschäftsprozeß zu gelangen.
Constraints für speziellen Geschäftsprozess	Weitere Regeln, die erfüllt sein müssen, damit der Netzplan erfüllt ist / erfüllbar bleibt.

Bild 11-3   **Data Dictionary zum Objektmodell Geschäftsprozeß**

11.2.2 Das Objektmodell zur Darstellung des genetischen Algorithmus

Das Objektmodell ist im wesentlichen durch das Objektmodell der GA-Lib (Version 2.42 der MIT) geprägt. Der wesentliche Anknüpfungspunkt ist das Objekt Population, welches dann tatsächlich die neu definierten Genome für Geschäftsprozesse beinhaltet.

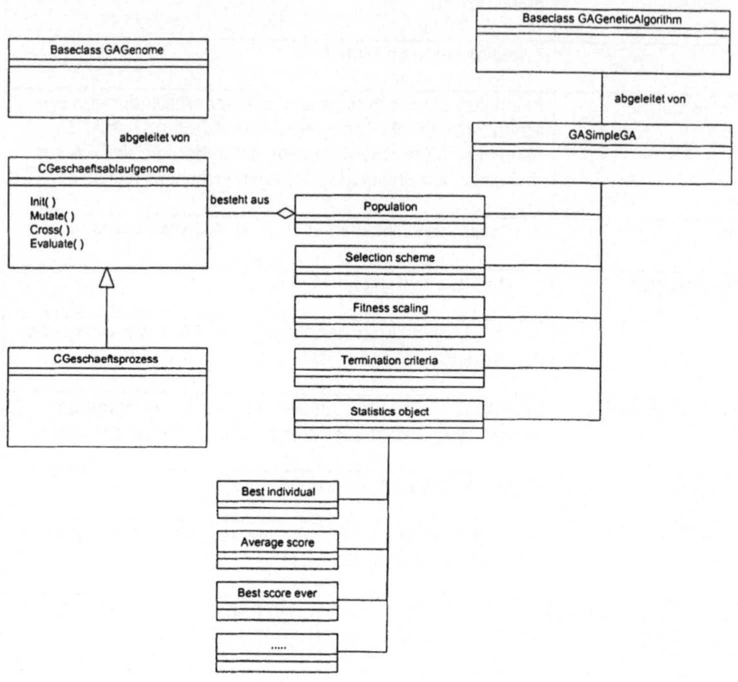

Bild 11-4   **Objektmodell genetischer Algorithmus**

In Bild 11-5 ist das Data Dictionary zum Objektmodell des genetischen Algorithmus dargestellt.

GAGenome	Baseclass (Ausgangsklasse) für ein Chromosom. Alle von dieser Klasse abgeleiteten Objekte können von GAGenetic-Algorithmen verwendet werden.
CGeschäftsprozess-genome	Ist ein Nachkömmling von GAGenome und repräsentiert eine Geschäftsprozeß, in einer für GA-Lib zugänglichen Form. Es werden die Routinen Init (Initiate), Mutate und Cross bereitgestellt, die elementare Bestandteile eines jeden GA sind.
CGeschäftsprozess	Beschreibt einen möglichen Geschäftsprozeß und die Rahmenbedingungen. Es handelt sich um einen konkreten, gültige Ablaufplan, dem auch eine Score (Bewertung) zugewiesen ist.
GAGeneticAlgorithm	Baseclass für einen GA. Alle von dieser Klasse abgeleiteten Objekte können von GA-Lib verwendet werden.
GASimpleGA	Goldberg-Style GA.
Population	Ein Containerobject für GAGenome, welches die aktuelle Population beherbergt.
Selection scheme	Das Selektionsverfahren für die Rekombination des GA.
Fitness scaling	Das Scaling Verfahren (Bewertung) des GA.
Termination criteria	Das Abbruchkriterium.
Statistics Object	Sammelt während der Ausführung des GA statistische Informationen, wie: bestes Individuum, durchschnittliche Bewertung in der Population usw..

Bild 11-5   **Data Dictionary zum Objektmodell genetischer Algorithmus**

IPA Forschung und Praxis

Schriftenreihe aus dem Institut für Produktionstechnik und
Automatisierung, Stuttgart

Herausgeber: Prof. Dr.-Ing. Dr. h. c. mult. H.-J. Warnecke

Datenerfassung im Produktionsbereich
Von E. Bendeich. ISBN 3-7830-0117-8.
1977, 176 Seiten, kartoniert. — 54,— DM

Methodenauswahl für die Materialbewirtschaftung in Maschinenbau-Betrieben
Von H. Graf. ISBN 3-7830-0136-6.
1977, 144 Seiten, kartoniert. — 54,— DM

Systematische Auswahl von Förderhilfsmitteln für den innerbetrieblichen Materialfluß
Von W. Rau. ISBN 3-7830-0139-0.
1977, 103 Seiten, kartoniert. — 40,— DM

Grundlagen zur Planung von Ersatzteilfertigungen
Von E. Schulz. ISBN 3-7830-0138-2.
1977, 98 Seiten, kartoniert. — 40,— DM

Rechnerunterstützte Fabrikplanung
Von B. Minten. ISBN 3-7830-0116-1.
1977, 124 Seiten, kartoniert. — 38,— DM

Eine Planungsmethode für automatische Montagesysteme
Von H.-G. Löhr. ISBN 3-7830-0120-X.
1977, 108 Seiten, kartoniert. — 32,— DM

Planung und Bewertung von Arbeitssystemen in der Montage
Von H. Metzger. ISBN 3-7830-0131-5.
1977, 108 Seiten, kartoniert. — 40,— DM

Klassifizierungssystem für Prüfmittel der industriellen Längenprüftechnik
Von R. Czetto. ISBN 3-7830-0144-7.
1978, 181 Seiten, kartoniert. — 64,— DM

Rechnerunterstützte Montageplanung
Von O. Hirschbach. ISBN 3-7830-0149-8.
1978, 146 Seiten, kartoniert. — 52,— DM

Rechnerunterstützte Entwicklung von Simulationsmodellen für Unternehmensplanspiele
Von A. Moker. ISBN 3-7830-0147-1.
1978, 181 Seiten, kartoniert. — 64,— DM

Arbeitsplatzanalysen zur Ermittlung der Einsatzmöglichkeiten und Anforderungen an Industrieroboter
Von G. Herrmann. ISBN 37830-0151-X.
1978, 113 Seiten, kartoniert. — 40,— DM

MFSP — Ein Verfahren zur Simulation komplexer Materialflußsysteme
Von G. Stemmer. ISBN 3-7830-0118-8.
1977, 140 Seiten, kartoniert. — 60,— DM

Berührungslose Erkennung durch Positionsbestimmung von Objekten durch inkohärent-optische Korrelation
Von M. König. ISBN 3-7830-0137-4.
1977, 110 Seiten, kartoniert. — 40,— DM

Auslegung von Störungspuffern in kapitalintensiven Fertigungslinien
Von R. v. Stetten. ISBN 3-7830-0140-4.
1977, 154 Seiten, kartoniert. — 56,— DM

Flexible Transportablaufsteuerung
Von G. Römer. ISBN 3-7830-0114-5.
1977, 188 Seiten, kartoniert. — 60,— DM

Rechnergestützte Realplanung von Fabrikanlagen
Von T.-K. Sauter. ISBN 3-7830-0119-6.
1977, 108 Seiten, kartoniert. — 32,— DM

Systematisches Auswählen und Konzipieren von programmierbaren Handhabungsgeräten
Von R. D. Schraft. ISBN 3-7830-0115-3.
1977, 108 Seiten, kartoniert. — 32,— DM

Auslandsproduktion
Von W. Cypris. ISBN 3-7830-0145-5.
1978, 126 Seiten, kartoniert. — 42,— DM

Wirtschaftlicher Einsatz von Mehrkoordinatenmeßgeräten
Von M. Dietzsch. ISBN 3-7830-0148-X.
1978, 142 Seiten, kartoniert. — 52,— DM

Fertigungssteuerung bei flexiblen Arbeitsstrukturen
Von K.-G. Lederer. ISBN 3-7830-0146-3.
1978, 128 Seiten, kartoniert. — 42,— DM

Untersuchungen zum Polieren und Entgraten durch elektrochemisches Oberflächenabtragen
Von K. Zerweck. ISBN 3-7830-0150-1.
1978, 110 Seiten, kartoniert. — 40,— DM

Stufenweise Ableitung eines praktischen Planungssystems für den Entwicklungsbereich
Von R. Hichert. ISBN 3-7830-0149-8.
1978, 151 Seiten, kartoniert.   52.— DM

Produktionsplanung mit Auftragsfamilien
Von U. W. Geitner. ISBN 3-7830-0161.7.
1979, 110 Seiten, kartoniert.   45.— DM

Thermisch-chemisches Entgraten
Von T. Wagner. ISBN 3-7830-0164-1.
1979, 111 Seiten, kartoniert.   45.— DM

Untersuchung der Materialflußkosten bei ausgewählten Systemen der Zentralen Arbeitsverteilung
Von R. Wenzel. ISBN 3-7830-0162-5.
1979, 168 Seiten, kartoniert.   86.— DM

Anpassung und Einführung eines Planungssystems für die Ablaufplanung im Konstruktionsbereich
Von W. Dangelmaier. ISBN 3-7830-0163-3.
1979, 168 Seiten, kartoniert.   80.— DM

Längenmessungen an bewegten Teilen mit berührungslos wirkenden Aufnehmern
Von H. Lang. ISBN 3-7830-0157-9
1979, 89 Seiten, kartoniert.   42.— DM

Untersuchung multistabiler Strömungselemente und ihr Einsatz in sequentiellen Steuerungen
Von A. Ernst. ISBN 3-7830-0157-9.
1979, 122 Seiten, kartoniert.   48.— DM

Taktile Sensoren für programmierbare Handhabungsgeräte
Von M. Schweizer. ISBN 3-7830-0158-7.
1979, 91 Seiten, kartoniert.   42.— DM

Die rechnerunterstützte Prüfplanung
Von P. Blasing. ISBN 3-7830-0152-8.
1979, 100 Seiten, kartoniert.   44.— DM

Verfahren zur Fabrikplanung im Mensch-Rechner-Dialog am Bildschirm
Von W. Ernst. ISBN 3-7830-0156-0.
1979, 218 Seiten, kartoniert.   72.— DM

Rechnerunterstütztes Verfahren zur Leistungsabstimmung von Mehrmodell-Montagesystemen
Von M. Gorke ISBN 3-7830-0155-2.
1979, 139 Seiten, kartoniert   50.— DM

Standortbezogene Betriebsmittel
Von G. Pflieger. ISBN 3-7830-0167-6.
1979, 127 Seiten, kartoniert.   52.— DM

Die betriebswirtschaftliche Beurteilung neuer Arbeitsformen
Von B.-H. Zippe. ISBN 3-7830-0168-4.
1979, 350 Seiten, kartoniert.   98.— DM

Untersuchung des Arbeitsverhaltens programmierbarer Handhabungsgeräte
Von B. Brodbeck. ISBN 3-7830-0169-2.
1979, 117 Seiten, kartoniert.   48.— DM

Untersuchung eines kohärent-optischen Verfahrens zur Rauheitsmessung
Von N. Rau. ISBN 3-7830-0174-9
1979, 117 Seiten, kartoniert.   48.— DM

Entwicklung einer programmierbaren, pneumatischen Steuerung
Von D. Klemenz. ISBN 3-7830-0171-4.
1979, 93 Seiten, kartoniert.   42.— DM

IPA Forschung und Praxis

Berichte aus dem Fraunhofer-Institut für Produktionstechnik und
Automatisierung, Stuttgart, und dem Institut für Industrielle Fertigung
und Fabrikbetrieb der Universität Stuttgart

Herausgeber: Prof. Dr.-Ing. Dr. h. c. mult. H.-J. Warnecke

IPA-IAO Forschung und Praxis

Berichte aus dem Fraunhofer-Institut für Produktionstechnik und
Automatisierung (IPA), Stuttgart, Fraunhofer-Institut für Arbeitswirtschaft
und Organisation (IAO), Stuttgart, und Institut für Industrielle Fertigung
und Fabrikbetrieb der Universität Stuttgart

Herausgeber: Prof. Dr.-Ing. Dr. h. c. mult. H.-J. Warnecke und Prof. Dr.-Ing. habil. Prof. E. h. Dr. h. c. H.-J. Bullinger

---

Die Bände sind im Erscheinungsjahr und in den folgenden drei Kalenderjahren zu beziehen durch den örtlichen Buchhandel oder durch Lange & Springer, Otto-Suhr-Allee 25–28, 10585 Berlin.